Theorie der Heißlufttrockner

Ein Lehr- und Handbuch für Trocknungstechniker
Besitzer und Leiter von gewerblichen Anlagen
mit Trockenvorrichtungen

Für den Selbstunterricht bearbeitet

von

W. Schule

Mit 34 Textfiguren und 9 Tabellen

Berlin
Verlag von Julius Springer
1920

ISBN-13: 978-3-642-47288-6   e-ISBN-13: 978-3-642-47718-8
DOI: 10.1007/ 978-3-642-47718-8

Vorwort.

Die vorliegende Arbeit gibt eine Theorie derjenigen Trockner, bei welchen erwärmte atmosphärische Luft bezw. direkte Feuergase die Wasserentziehung bewirken.

Beschreibungen und Vergleiche der zahlreichen Trockner und Darren, welche für Körnerfrüchte und andere Stoffe mehr oder weniger geeignet sind, sollen — soweit es sich um Konstruktionseinzelheiten handelt — nicht vorgenommen werden, da wir lediglich eine Zusammenfassung der theoretischen Berechnungsgrundlagen mitteilen wollen, welche für alle Systeme der bezeichneten Art Gültigkeit besitzt.

Bevor zur Berechnung der Trockner geschritten werden konnte, mußten die physikalischen Eigenschaften der Luft mit Rücksicht auf den vorliegenden Zweck Erläuterung finden. Die Grundlagen der Thermodynamik, z. B. die einfachsten Eigenschaften der Gase und Dämpfe, sind hierbei als bekannt vorausgesetzt worden.

Der Verfasser ist bemüht gewesen, den behandelten Stoff in einer neuartigen, leicht faßlichen Form darzustellen, welche äußerst übersichtlich ist und das Selbststudium erleichtert. Die ausführlich durchgerechneten Beispiele sollen dem Lernenden eine gewisse Übung in der Anwendung des Gebotenen verleihen.

Angesichts der großen Anzahl bereits bestehender Trocknungsbetriebe, sowie der zunehmenden Verwendung von Trockenanlagen in neuzeitlich eingerichteten Mahl- und Schälmühlen, Lagerhäusern, landwirtschaftlichen Betrieben u. dgl. erscheint es wünschenswert, das volle Verständnis der Berechnungsgrundlagen für Heißlufttrockner zu fördern. Nicht allein der Trocknungstechniker, sondern auch der Besitzer oder Leiter derartiger Betriebe hat ein Interesse daran, einen Einblick in die wärmetechnischen Vorgänge zu gewinnen, der es ihm ermöglicht, die Güte vorhandener Einrichtungen zu beurteilen, den Zusammenhang von Prüfungsergebnissen zu erkennen und diese sinngemäß zu verwerten.

Hamburg, im Dezember 1919.

Der Verfasser.

Inhaltsverzeichnis.

Einleitung.

Bei dem Trocknen und Darren von Körnerfrüchten und anderen Stoffen findet die Verdampfung des Wassers unter dem Drucke der Atmosphäre statt. Der geringe Überdruck bei Verwendung von Druckluft-Ventilatoren, oder der Unterdruck bei Benutzung von Saugluft beträgt stets nur wenige Millimeter Wassersäule (W. S.), so daß ohne weiteres angenommen werden kann, die Verdunstung der Feuchtigkeit finde unter dem vom Barometer angezeigten Drucke statt. Während die im Abschnitt I entwickelten theoretischen Grundlagen auch für jeden beliebigen Überdruck oder Unterdruck Gültigkeit besitzen, haben wir im Abschnitt II stets vorausgesetzt, die Wasserverdampfung erfolge angenähert bei normalem Barometerstande. Von der Berechnung der eigentlichen Vakuumtrockner ist Abstand genommen worden, weil sie nicht zu den Heißlufttrocknern zählen, die uns hier allein interessieren.

Die Temperatur der feuchten Abluft liegt bei den letzteren meistens unter 100^0 C, denn höhere Wärmegrade kommen mit Rücksicht auf die Eigenschaften der meisten Stoffe in der Praxis selten vor. Trotzdem sind im Abschnitt I die Berechnungsgrundlagen für solche Fälle mitgeteilt worden, bei welchen die Ablufttemperatur 100^0 C und darüber beträgt.

Die in den folgenden Abschnitten entwickelten Theorien sind darum für jeden beliebigen Heißlufttrockner verwendbar und es können hiernach Apparate für jeden Verwendungszweck und jede Ausführungsform, wie Schachttrockner, vertikale Dampfdarren, Dampf- und Heißlufttrockentrommeln, Herd- und Zylinderdarren, Trockenhorden, Brauereidarren usw. berechnet werden.

Will man die theoretischen Entwicklungen auf praktische Fälle anwenden, so müssen für jede besondere Bauart und jeden Verwendungszweck eine ganze Anzahl Daten bekannt sein, welche sich nur durch eingehende Versuche, nicht aber auf Grund rein theoretischer Erwägungen zuverlässig ermitteln lassen. Hierzu gehören:

a) **Die Trockendauer**, d. h. der Zeitraum, während dessen das Material der warmen Trockenluft auszusetzen ist, wenn die verlangte Wasserentziehung in ausreichendem Maße und ohne Nachteil für die spezifischen Eigenschaften des Gutes stattfinden soll.

b) **Die zulässige Höchsttemperatur**, welche das Trockengut verträgt.

c) **Die maximale Eintrittstemperatur** der Trockenluft, bei welcher die zulässige Erwärmung des Materials nicht überschritten wird.

d[1]) **Der erreichbare Feuchtigkeitsgrad** der Abluft und ihre **Temperatur**, beide dicht hinter dem Trockner gemessen, bei einem gewissen Prozentsatz Wasser im feuchten Gute, einem bestimmten Endwassergehalt des getrockneten Materials, sowie bei einer gegebenen Eintrittstemperatur der Heißluft bzw. bei bekannter Höchsttemperatur der Trockenware.

e[1]) **Die Temperatur, welche das getrocknete Gut** bei bestimmter relativer Feuchtigkeit und Temperatur der Abluft annimmt.

f) **Die infolge Strahlung** und aus anderen Gründen zu erwartenden Wärmeverluste bei einer bestimmten Bauart und gewissen Arbeitsbedingungen.

g[2]) **Der Gesamtdruckunterschied** zwischen Saug- und Druckseite des Ventilators.

h) **Der Wirkungsgrad** des Lufterhitzers usw.

Aus den vorstehenden Angaben geht zur Genüge hervor, daß bei der Berechnung eines neuen Trockners eine Reihe Faktoren angenommen werden müssen, welche nur durch Versuche an dem ausgeführten Apparat nachgeprüft werden können. Erst nachdem mehrere Größen eines Trockners unter verschiedenen Betriebsbedingungen systematisch untersucht worden sind, gelangt man zu festen Daten, welche die Voraussetzungen zur Berechnung jeder beliebigen Größe eines bestimmten Apparates liefern. Es ist darum schlechterdings unmöglich, allgemein gültige Rechnungswerte für jedes beliebige System zu geben.

---

[1]) Im Abschn. II, Abs. b u. c sind Arbeitshypothesen zur Lösung dieser Fragen entwickelt worden, die gute Übereinstimmung mit den Beobachtungen der Praxis ergeben.

[2]) Eine rechnerische Ermittelung der Druckhöhe, welche brauchbare Näherungswerte ergibt, ist für manche Bauarten durchführbar. Siehe hierzu Abschn. II, i.

So sind z. B. der erreichbare Sättigungsgrad der Abluft, die Wärmeverluste innerhalb des Trockners und der Gesamtdruck des Ventilators für die mannigfachen Ausführungsarten sehr verschieden; es hängen hiervon aber der Wärmeverbrauch und der Kraftbedarf einer Anlage unmittelbar ab. Die im Abschnitt II durchgerechneten Beispiele lehnen sich zwar praktischen Ergebnissen an, dennoch dürfen sie aus obigen Gründen keineswegs allgemeine Gültigkeit beanspruchen.

Es sei noch erwähnt, daß u. W. hier zum ersten Male der Verlustfaktor „n" (Abschn. II) eingeführt worden ist, welcher das Verhältnis der im Trockner wirklich verbrauchten zur theoretisch erforderlichen Nutzwärme angibt. Die Verhältniszahl „n" gestattet einen unmittelbaren Schluß auf die Güte eines Trockners und ist als Vergleichswert von größter Bedeutung.

Wir haben ferner eine bildliche Darstellung der beim Trocknen verbrauchten Teil-Wärmemengen angewandt, wodurch die Berechnungen sehr anschauliche Form gewinnen dürften.

Die Verwendung direkter Feuergase hat sich auch bei der Trocknung solcher Produkte, welche nur mäßige Erwärmung vertragen, gut bewährt. Es schien daher geboten, die Vorgänge, welche die Entstehung eines Gemisches aus direkten Feuergasen und atmosphärischer Luft bewirken, näher zu erläutern und die Formeln für die zahlenmäßige Behandlung des Gegenstandes zu entwickeln (Abschn. II, m).

In den Abschnitten III und IV sind Methoden zur Bestimmung der relativen Feuchtigkeit und der verbrauchten Luftmenge mitgeteilt worden. Es ist damit auch dem mit der Trocknungstechnik weniger Vertrauten die Möglichkeit eröffnet, wissenschaftlichen Prüfungen einer Trocknungsanlage mit Verständnis zu folgen, oder, nach gründlicher Aneignung der theoretischen Grundlagen, die erforderlichen Versuche auch selbst auszuführen.

Die Tabellen im Abschnitt V enthalten alle diejenigen Werte, welche bei den Berechnungen von Belang sind, so daß ein Nachschlagen in anderen Werken nicht erforderlich ist.

Die große Bedeutung der Trocknungsindustrie für die Volkswirtschaft unterliegt keinem Zweifel. Riesige Vermögenswerte können durch rechtzeitige Trocknung leicht verderblicher landwirtschaftlicher Produkte dem Reiche gewonnen werden. Dies gilt ebensowohl für die Trocknung von Kartoffeln, Rüben, Obst, Gemüse u. dgl., als auch für die Trocknung von Brot- und Saatgetreide sowie anderen Körnerfrüchten. Es ist z. B. bekannt, daß die Lagerung feuchten Getreides infolge des schnell insetzenden Atmungsprozesses bedeutende Verluste an Trockensubstanz herbei-

führt, die Entstehung von Auswuchs begünstigt und die Keimfähigkeit herabsetzt.

Die spezifischen Eigenschaften jedes Stoffes stellen an die
Konstruktion und Bedienung der Trockner bestimmte Anforderungen,
welche erfüllt werden müssen, wenn die Endprodukte vom Standpunkte des Nahrungsmittelchemikers, Müllers, Landwirtes, Brauers
usw. als einwandfrei bezeichnet werden sollen.

Eine erschöpfende Behandlung des Trocknungswesens von diesen
Gesichtspunkten aus fällt jedoch nicht in den Rahmen dieser Schrift,
die sich im wesentlichen mit der wärmetechnischen Seite der
Trocknung beschäftigt.

I. Die physikalischen Eigenschaften der Luft.

a) Dampfgehalt in einem Kubikmeter Luft und Sättigungsgrad.

Die Bestandteile der atmosphärischen Luft, welche uns hier allein interessieren, sind: trockene Luft und Wasserdampf. Der letztere diffundiert mit dem trockenen Teil der Luft vollkommen, und das Gemisch beider nennen wir „feuchte Luft". Der Wassergehalt derselben ist aber kein beliebig hoher, sondern es besteht eine bestimmte Grenze der Wasseraufnahmefähigkeit. Zahlreiche Versuche haben den Nachweis erbracht, daß ein cbm feuchter Luft sich im Zustande der Sättigung befindet, wenn die darin enthaltene Dampfmenge das gleiche Gewicht besitzt, wie ein cbm gesättigter Wasserdampf von derselben Temperatur wie die Luft. Das maximale Gewicht der Feuchtigkeit in einem cbm Luft ist also gleich dem „spezifischen" Gewichte des darin enthaltenen Sattdampfes. Das letztere kann ohne weiteres den Dampftabellen III und IIIa, Spalte 4, entnommen werden, wo es mit „γ_s" bezeichnet und für die Temperaturen von -10^0 bis $+100^0$ Celsius angegeben ist. In einem cbm feuchter Luft von $+20^0$ C befindet sich z. B. 17,3 g Dampf, wobei die Luft vollkommen gesättigt ist; gleichzeitig wiegt aber ein cbm Sattdampf von 20^0 ebenfalls 17,3 g (Tabelle III, Spalte 4).

Ein Gemisch aus trockner Luft und Wasserdampf füllt denselben Raum aus, wie Dampf — von der gleichen Temperatur wie die Luft — allein, d. h. ohne das Vorhandensein der letzteren, einnehmen würde. Diese Erscheinung wird deutlicher, wenn man das unter „b" über die Zusammensetzung der Luftspannung Gesagte sich klar macht. Die Befeuchtung trockener Luft hat zur Folge, daß ihre Spannung um diejenige des gebildeten Dampfes sinkt, und somit eine Verdünnung der ursprünglich vollkommen trocken gedachten Luft mit dem Diffusionsvorgang zusammen eintritt. Die Gesamtspannung des so entstandenen Luft-Wasserdampfgemisches bleibt hierbei gleich dem Drucke der Atmosphäre bzw. gleich der anfänglichen Spannung der trockenen Luft vor der Mischung. (Vgl. „b".)

Wenn hiernach einem cbm trockener Luft Feuchtigkeit zugeführt wird, so ist das resultierende Volumen keineswegs gleich der Summe aus Dampf- und Luftvolumen! Dieses träfe nur dann zu, wenn beide Teile vor der Mischung unter demselben Druck gestanden hätten, was aber nur bei einer Dampftemperatur von 100^0 C und darüber der Fall sein könnte, sofern wir mit atmosphärischer Luft zu tun haben. (Vgl. Abschn: I, h.)

Eine Vergrößerung des Volumens wird bei der Wasseraufnahme zwar stattfinden, da die trockene Luft an Spannung verliert und dies, unter Annahme gleichbleibender Temperatur, nur durch Ausdehnung geschehen kann; jedoch erfolgt die letztere im Verhältnis der spezifischen Gewichte der trockenen Luft vor und nach der Mischung. Wiegt z. B. ein cbm trockener Luft anfänglich „γ_1" kg, und ein cbm des trockenen Teiles der geschaffenen feuchten Luft „γ_2" kg, so erfolgt die Volumenvergrößerung im Verhältnis $\gamma_1 : \gamma_2$; sie wird also bei gleichbleibender Temperatur sehr gering ausfallen, wenn die Spannung des aufgenommenen Dampfes klein war. (Vgl. „b" u. „c".)

Das neue Volumen ist gleichzeitig dasjenige des hinzugetretenen Dampfgewichtes.

Der absolute Wassergehalt feuchter Luft im Zustande der Sättigung (ausgedrückt in g oder kg/cbm) ist von der Lufttemperatur abhängig und wird mit ihr wachsen oder fallen. Erwärmt man also gesättigte Luft von t_s^0 z. B. auf t^0, so wird die wärmere Luft neuerdings Feuchtigkeit aufnehmen können; kühlt man dagegen gesättigte Luft von t_s^0 ab, so findet beim geringsten Unterschreiten dieser Sättigungstemperatur ein Niederschlagen des Dampfes statt. Man bezeichnet die Temperatur, bei welcher die Grenze der Wasseraufnahmefähigkeit erreicht wird, als den Taupunkt.

Beim Trocknen handelt es sich nun offenbar stets um die Verdampfung der im Material enthaltenen Feuchtigkeit, und man hat bei allen Berechnungen von Heißlufttrocknern immer wieder die folgenden zwei Bedingungen in Übereinstimmung zu bringen:

1. Die Luftmenge, welche durch das Material geführt wird, muß so bemessen sein, daß sie bei der Austrittstemperatur t_n mindestens imstande ist, das zu entziehende Wasser aufzunehmen. (Um die Luft zu dieser Wasseraufnahme zu befähigen, muß eine Erwärmung der Trockenluft vorausgehen, da die atmosphärische Luft im natürlichen Zustande meistens zu feucht ist.)

2. Die erforderliche Luftmenge von der Außenlufttemperatur t_a muß auf eine Höchsttemperatur t_h gebracht werden (sofern der Heizkörper außerhalb des Trockners liegt), damit bei Abkühlung der eintretenden Luft von t_h^0 auf die Ablufttemperatur t_n diejenige Wärme-

menge abgegeben werden kann, welche zur Verdampfung der Feuchtigkeit und zur Deckung aller Verluste gebraucht wird.

In welcher Weise diese beiden Bedingungen zu erfüllen sind, werden wir weiter unten ausgeführt finden.

Wir haben bisher nur von vollkommen gesättigter Luft gesprochen, welche aber in der Natur selten vorkommt. Gewöhnlich wird in einem cbm Luft nicht das Gewicht γ_s von einem cbm Sattdampf enthalten sein, sondern nur ein Teil desselben, den wir mit „x" bezeichnen wollen. Bedeutet also „γ_d" das in einem cbm teilweise gesättigter Luft vorhandene Dampfgewicht in kg, so wird

$$\gamma_d = x\,\gamma_s \ \mathbf{kg/cbm} \ldots \ldots \ldots \ldots \quad (1)$$

Das Verhältnis

$$x = \frac{\gamma_d}{\gamma_s}$$

gibt uns den **Sättigungsgrad** der feuchten Luft an.

Im Zustande vollkommener Sättigung ist $x = 1$, denn γ_d wird in diesem Falle gleich γ_s. Der Sättigungsgrad „x" kann nun z. B. $= \frac{1}{4}(0{,}25)$, $\frac{1}{2}(0{,}5)$, $\frac{3}{4}(0{,}75)$ usw. sein. Bisweilen drückt man den Wassergehalt auch in Prozenten aus und spricht dann von der **relativen Feuchtigkeit** der Luft, welche z. B. $25^0/_0$, $50^0/_0$, $75^0/_0$, $100^0/_0$ betragen kann. Der Wert γ_s für Sattdampf (sein spezifisches Gewicht) kann, wie bereits erwähnt, stets Tabellen entnommen werden; man muß hierzu lediglich die Dampftemperatur „t" kennen, welche stets gleich der Temperatur der Luft sein wird, mit welcher der Dampf diffundiert. (Vgl. Tabelle III und IIIa.) Zahlenwerte für γ_s und γ_d sind in Tabelle I für verschiedene Größen von x und t zusammengestellt worden.

Beispiel 1. Wieviel kg Dampf sind in 1 cbm feuchter Luft bei $50^0/_0$ Sättigung enthalten, wenn die Temperatur 20^0 C beträgt?

Im gesättigten Zustande erhält 1 cbm Luft von 20^0 0,0173 kg Wasser (Tabelle III, Spalte 4); bei einer relativen Feuchtigkeit von $50^0/_0$ ($x = 0{,}5$) wird:

$$\gamma_d = x \cdot \gamma_s = 0{,}5 \cdot 0{,}0173 = 0{,}00865 \ \text{kg}$$

Wasserdampf/cbm Luft von 20^0.

b) Gesamtdruck feuchter Luft und seine Zusammensetzung.

Der Gesamtdruck, unter welchem feuchte Luft steht, ist im offenen Raume gleich dem Druck der Atmosphäre, also gleich der jeweiligen Spannung, welche vom Barometer angezeigt wird. Man kann nun den Dampf, der in der Luft enthalten ist, und auch diese selbst, als vollkommene Gase ansehen und die hierfür geltenden Gesetze anwenden. Nach dem Dalton'schen Gesetz ist der Gesamtdruck eines Gasgemisches gleich der Summe der Teildrücke der einzelnen Gase. Bezeichnen

     q den jeweiligen Druck der Atmosphäre in mm Hg[1]),

     q_l den Teildruck des trockenen Teiles der feuchten Luft in mm Hg,

     q_d den Teildruck des Dampfes, welcher in der feuchten Luft enthalten ist in mm Hg,

so erhält man als Gesamtdruck der feuchten Luft

$$q = q_l + q_d \ldots\ldots\ldots\ldots (2)$$

und hieraus:

$$q_l = q - q_d \ldots\ldots\ldots\ldots (2\,\mathrm{a})$$

Handelt es sich um vollständig gesättigte Luft, so ist q_d bekannt und gleich dem Drucke q_s gesättigten Dampfes von derselben Temperatur wie die Luft; q_s kann sodann Tabellen III und III a, Spalte 2, entnommen werden.

     Es bedeute:

     p_1 (kg/qm) den Teildruck des Dampfes im ungesättigten Zustande,

     v_1 (cbm/kg) sein spezifisches Volumen,

     p_s (kg/qm) den Teildruck des Dampfes im gesättigten Zustande,

     v_s (cbm/kg) sein spezifisches Volumen.

Alsdann lautet die allgemeine Gasgleichung[2])

$$p_1 v_1 = R_d T,$$
$$p_s v_s = R_d T,$$

worin R_d die Gaskonstante des Dampfes und T seine absolute Temperatur bezeichnen.

     Durch Gleichsetzung folgt:

$$p_1 v_1 = p_s v_s.$$

Da nun auch

$$v_1 = \frac{1}{\gamma_d} \quad \text{und} \quad v_s = \frac{1}{\gamma_s} \quad \text{sind,}$$

so folgt:

$$p_1 \frac{1}{\gamma_d} = p_s \frac{1}{\gamma}$$

---

[1]) Millimeter Quecksilbersäule.

[2]) Vgl. W. Schüle, Thermodynamik, III. Aufl. (Verlag von Julius Springer, Berlin).

oder

$$\frac{p_1}{p_s} = \frac{\gamma_d}{\gamma_s} = x$$

gleich dem Sättigungsgrad der feuchten Luft.

Da es sich hier um ein Verhältnis von Drücken handelt, so können p_1 und p_s ohne weiteres durch q_d (Teildruck ungesättigten Dampfes) und q_s (Teildruck gesättigten Dampfes) in mm Hg ersetzt werden und man kann schreiben:

$$\frac{\gamma_d}{\gamma_s} = \frac{q_d}{q_s} = x \ . \qquad \ldots \ldots \ldots \quad (3)$$

Der Sättigungsgrad x ist also auch noch gleich dem Verhältnis des Druckes ungesättigten Dampfes zum Teildruck des gesättigten. Sind hiernach die Lufttemperatur t (= der Dampftemperatur) und die relative Feuchtigkeit bekannt, so kann man q_s den Tabellen III und III a entnehmen und den Teildruck des Dampfes in teilweise gesättigter Luft berechnen:

$$q_d = x q_s \ \text{mm Hg} . \qquad \ldots \ldots \ldots \quad (3\,\text{a})$$

Beispiel 2. Wie groß ist der Teildruck des Dampfes q_d in feuchter Luft von 20° bei 50°/₀ relativer Feuchtigkeit?

Nach Tabelle III ist $q_s = 17{,}5\ \text{mm Hg}$, daher $q_d = 0{,}5 \cdot 17{,}5 = 8{,}75\ \text{mm Hg}$.

Es mag erwähnt werden, daß die absoluten Werte für die Sättigungsdrücke in mm Hg denjenigen des absoluten Feuchtigkeitsgehaltes gesättigter Luft in g/cbm angenähert gleich sind.

Wenn man, etwa bei Versuchen an Trocknern, den Teildruck q_d bestimmt hat (vgl. Abschn. III, Psychrometer) und t gemessen wurde, so kann man leicht das spezifische Gewicht des ungesättigten Dampfes in der feuchten Luft nach Gl. 3 berechnen:

$$\gamma_d = \gamma_s \frac{q_d}{q_s} \, ;$$

γ_s und q_s sind mit der Temperatur stets gegeben (Tabelle III, III a).

c) Das spezifische Gewicht des trockenen Teiles der Luft.

Nach dem vereinigten Boyle-Gay-Lussacschen Gesetze ist allgemein:

$$\gamma = \gamma_1 \frac{p}{p_1} \cdot \frac{T_1}{T} \ \text{kg/1 cbm} . \qquad \ldots \ldots \quad (4)$$

Ersetzen wir

γ durch das spezifische Gewicht des trockenen Teiles gesättigter Luft γ_l,

γ_1 durch das spezifische Gewicht der reinen Luft bei 0^0 und 760 mm Hg: 1,293 kg/cbm,

p durch den Teildruck des trockenen Teiles feuchter Luft nach Gl. 2a (für $q_d = q_s : q_l = q - q_s$),

p_1 durch den Druck der Atmosphäre $q_{(760)} = 760$ mm Hg

und bedeuten

$T = 273 + t$ die absolute Temperatur der Luft bei t^0 und der Spannung $q_l = q - q_s$,

$T_1 = 273^0$ die absolute Temperatur der Luft bei 0^0 und $q_{(760)} = 760$ mm Hg,

so wird analog der Gl. 4 das spezifische Gewicht des trockenen Teiles vollständig gesättigter Luft:

$$\gamma_l = 1{,}293 \frac{q - q_s}{760} \cdot \frac{273}{273 + t} \quad \ldots \ldots \ldots \quad (5)$$

In gleicher Weise folgt das spezifische Gewicht des trockenen Teiles teilweise gesättigter Luft mit dem Teildrucke $q_l = q - q_d$

$$\gamma_l' = 1{,}293 \frac{q - q_d}{760} \cdot \frac{273}{273 + t} \quad \ldots \ldots \ldots \quad (5a)$$

In Tabelle I sind die Zahlenwerte für γ_l bzw. γ_l' für verschiedene Temperaturen und Sättigungsgrade und einen Barometerstand von $q = 760$ mm Hg enthalten. Um die Berechnung des spezifischen Gewichtes γ_l bzw. γ_l' für solche Temperaturen, welche in Tabelle I fehlen und ferner für jeden beliebigen Teildruck der Luft zu erleichtern, sind in Tabelle II Zahlenwerte (δ) für den Ausdruck

$$\frac{1{,}293}{760} \cdot \frac{273}{273 + t}$$

zusammengestellt worden. Man hat somit lediglich eine Multiplikation des vorliegenden Druckes mit dem abgelesenen Werte δ auszuführen, um γ_l bzw. γ_l' zu erhalten:

$$\gamma_l = (q - q_s) \cdot \delta,$$

bzw.

$$\gamma_l' = (q - q_d) \cdot \delta.$$

Hierin ist q der wirkliche, vom Barometer angezeigte Gesamtdruck in mm Hg; die Teilspannungen des Dampfes q_s und q_d ergeben sich wie unter b) erläutert worden ist.

Beispiel 3. Ein cbm Luft von $t = 50^0$ und einer relativen Feuchtigkeit von $50^0/_0$ ($x = 0{,}5$) wird auf $t_1 = 40^0$ abgekühlt. Die Gesamtspannung sei $q = 760$ mm Hg.

Wie groß sind alsdann: sein Volumen $V_{(40)}$; das spezifische Gewicht des darin enthaltenen Dampfes $\gamma_d^{(40)}$; das spezifische Gewicht des trockenen Teiles der Luft $\gamma_l'^{(40)}$; die Teildrücke q_d und q_l der Luft, sowie der Sättigungsgrad $x_{(40)}$?

Das Volumen ändert sich im Verhältnis der absoluten Temperaturen:

$$V_{(40)} = \frac{273 + t_1}{273 + t} = \frac{273 + 40}{273 + 50} = 0,97 \text{ cbm} .$$

Der absolute Wassergehalt dieser 0,97 cbm muß gleich dem ursprünglichen spezifischen Gewichte $\gamma_d^{(50)}$ (kg/1 cbm) sein. Nach Tabelle I, Spalte 30, ist für $t = 50^0$ und $x = 0,5$

$$\gamma_d^{(50)} = 0,0416 \text{ kg/cbm} .$$

Folglich wird das spezifische Gewicht des Dampfes für $t_1 = 40^0$:

$$\gamma_d^{(40)} = \frac{0,0416}{0,97} = 0,043 \text{ kg/cbm} .$$

Nach Tabelle I, Spalte 33, ist das spezifische Gewicht des trockenen Teiles der Luft bei $t = 50^0$ und $x = 0,5$

$$\gamma_l'^{(50)} = 1,026 \text{ kg/cbm} .$$

Das absolute Gewicht an reiner Luft in dem reduzierten Volumen $V_{(40)} = 0,97$ cbm muß naturgemäß ebenfalls 1,026 kg betragen. Es wird darum das spezifische Gewicht des trockenen Teiles der Luft bei 40^0

$$\gamma_l'^{(40)} = \frac{1,026}{0,97} = 1,06 \text{ kg/cbm} .$$

Da die Gesamtspannung der feuchten Luft bei der Abkühlung unverändert $= 760$ mm Hg bleiben wird, so sind auch die Teilspannungen des Dampfes und der Luft q_d bzw. q_l bei $t_1 = 40^0$ dieselben wie bei $t = 50^0$. Man kann daher $\gamma_d^{(40)}$ und $\gamma_l'^{(40)}$ auch unmittelbar aus Gl. 4 bestimmen. Weil hier $p = p_1$ gesetzt werden darf[1]), so folgt analog Gl. 4:

$$\gamma_d^{(40)} = \gamma_d^{(50)} \cdot \frac{T_{(50)}}{T_{(40)}} = 0,0416 \, \frac{273 + 50}{273 + 40} = 0,043 \text{ kg/cbm}$$

und

$$\gamma_l'^{(40)} = \gamma_l'^{(50)} \cdot \frac{T_{(50)}}{T_{(40)}} = 1,026 \, \frac{273 + 50}{273 + 40} = 1,06 \text{ kg/cbm} .$$

Wir haben gefunden, daß 1 cbm Luft von 40^0 nunmehr $\gamma_d^{(40)} = 0,043$ kg Dampf enthält. Im Zustande der Sättigung ist der Wassergehalt der Luft bei 40^0 nach Tabelle I, Spalte 3, und Tabelle III, Spalte 4,

$$\gamma_s^{(40)} = 0,0512 \text{ kg/cbm} .$$

---

[1]) Die Zustandsänderung vollzieht sich bei konstantem Drucke.

Der gesuchte Sättigungsgrad der auf $t_1 = 40^0$ abgekühlten Luft ist somit

$$x_{(40)} = \frac{\gamma_d^{(40)}}{\gamma_s^{(40)}} = \frac{0{,}043}{0{,}0512} = 0{,}84 \,,$$

d. h. die relative Feuchtigkeit beträgt jetzt $84\,^0/_0$.

d) Das spezifische Gewicht feuchter Luft.

Das Gewicht von 1 cbm feuchter Luft setzt sich zusammen aus dem spezifischen Gewicht des trockenen Teiles γ_l oder γ_l' (Gl. 5 und 5 a) und dem Dampfgewicht γ_s oder γ_d. Mit Benutzung der Gl. 5 und 5 a ist für **vollkommen** gesättigte Luft:

$$\gamma_f = \gamma_s + 1{,}293 \, \frac{q - q_s}{760} \cdot \frac{273}{273 + t} \quad \cdots \cdots \quad (6)$$

und für **teilweise** gesättigte Luft:

$$\gamma_f' = \gamma_d + 1{,}293 \, \frac{q - q_d}{760} \cdot \frac{273}{273 + t} \quad \cdots \cdots \quad (6\,\mathrm{a})$$

Beispiel 4. Luft von $t = 50^0$ sei $\tfrac{1}{2}$ gesättigt $(x = 0{,}5)$. Wie groß ist ihr spezifisches Gewicht γ_f' bei einem Barometerstande von $q = 740 \, \mathrm{mm\,Hg}$?

γ_s ist nach Tabelle III, Spalte 4,

$$0{,}0832 \, \mathrm{kg/cbm} \,,$$

daher

$$\gamma_d = 0{,}5 \cdot 0{,}0832 = 0{,}0416 \, \mathrm{kg/cbm} \,.$$

Ferner ist nach Tabelle III, Spalte 2,

$$q_s = 92{,}5 \, \mathrm{mm\,Hg} \,,$$

somit

$$q_d = 0{,}5 \cdot 92{,}5 = 46{,}25 \, \mathrm{mm\,Hg} \,.$$

Nach Gl. 6 a folgt

$$\gamma_f' = 0{,}0416 + 1{,}293 \, \frac{740 - 46{,}25}{760} \cdot \frac{273}{273 + 50}$$

$$= 0{,}0416 + 0{,}997 = 1{,}038 \, \mathrm{kg/1 \, cbm} \,.$$

e) Wassergehalt in einem Kilogramm feuchter Luft.

Bislang ist nur von dem Wassergehalt in einem **Kubikmeter** Luft die Rede gewesen. Um das Dampfgewicht in einem **Kilogramm** feuchter Luft zu ermitteln, kann man von der folgenden einfachen Überlegung ausgehen:

In γ_f kg Luft befinden sich γ_s kg Dampf,

in 1 kg daher $\dfrac{\gamma_s}{\gamma_f}$ kg.

Bezeichnen

d_f den Wassergehalt in einem Kilogramm vollkommen gesättigter Luft,

d_f' den Wassergehalt in einem Kilogramm teilweise gesättigter Luft, so erhalten wir

$$d_f = \frac{\gamma_s}{\gamma_f} \quad\ldots\ldots\ldots\ldots (7)$$

und

$$d_f' = \frac{\gamma_d}{\gamma_f} \quad\ldots\ldots\ldots\ldots (7\,\mathrm{a})$$

Diese Berechnungsart hat die voraufgehende Bestimmung des spezifischen Gewichtes der feuchten Luft zur Voraussetzung. Sind der Gesamtdruck der feuchten Luft q ($=$ dem Barometerstande) und der Teildruck des Dampfes q_d bekannt, so kann auch die folgende Beziehung benutzt werden

$$d_f = \frac{0{,}622}{1 - 0{,}378\,\dfrac{q_d}{q}} \cdot \frac{q_d}{q} \quad\ldots\ldots (8)^1)$$

In Anbetracht der sehr kleinen Dampfdrücke, welche hier in Frage kommen, kann man gelten lassen:
Für gesättigte Luft

$$d_f = 0{,}622\,\frac{q_s}{q}, \quad\ldots\ldots\ldots (8\,\mathrm{a})$$

für teilweise gesättigte Luft

$$d_f' = 0{,}622\,\frac{q_d}{q} \quad\ldots\ldots\ldots (8\,\mathrm{b})$$

Der Sättigungsdruck q_s ist in Tabelle III und III a zu finden, womit dann auch $q_d = x q_s$ bestimmt ist, wenn man die relative Feuchtigkeit kennt.

f) Wassergehalt, bezogen auf ein Kilogramm des trockenen Teiles feuchter Luft.

Der Wassergehalt „d", bezogen auf ein Kilogramm des trockenen Teiles feuchter Luft, ist für die Berechnung der Trockner von besonderer Wichtigkeit, weil das Gewicht der reinen Luft bei den ver-

---

[1]) W. Schüle, Thermodynamik, III. Aufl. (Verlag von Julius Springer Berlin). Diesem Werke sind auch die Gl. 8a und 8b entnommen.

schiedenen Zustandsänderungen auf dem Wege durch den Trockner konstant bleibt. Es ist vollkommen unabhängig von der Temperatur und Spannung.

Man hat zur Berechnung von „d" vorerst γ_l nach Gl. 5 bzw. 5a zu ermitteln. Alsdann ist, analog dem im vorigen Absatz entwickelten Gedankengange:

Für gesättigte Luft

$$d = \frac{\gamma_s}{\gamma_l}\, \text{kg}, \quad\quad\quad\quad\quad\quad (9)$$

für teilweise gesättigte Luft

$$d' = \frac{\gamma_d}{\gamma_l'}\, \text{kg} \quad\quad\quad\quad\quad\quad (9\,\text{a})$$

γ_s kann wieder den Tabellen III und IIIa entnommen werden. Kennt man den Sättigungsgrad x, so wird $\gamma_d = x\gamma_s$, womit auch d' bestimmt ist. Tabelle I (Anhang) gibt Zahlenwerte für „d" bzw. d' für verschiedene Größen von x und t bei einem Barometerstande $q = 760$ mm Hg.

Beispiel 5. Mit wieviel Wasserdampf (d') diffundiert 1 kg des trockenen Teiles feuchter Luft vom Teildruck q_l, wenn die Lufttemperatur $t = 50^0$ beträgt, der Sättigungsgrad $x = 0,5$ ist und das Barometer 740 mm Hg anzeigt?

Nach Gl. 5a ist

$$\gamma_l' = 1,293\,\frac{q - q_d}{760} \cdot \frac{273}{273 + t}$$

und nach Gl. 3a

$$q_d = x q_s.$$

Aus Tabelle III erhalten wir für $t = 50^0\; q_s = 92,5$ mm Hg, daher wird $q_d = 0,5 \cdot 92,5 = 46,25$ mm Hg und

$$\gamma_l' = 1,293\,\frac{740 - 46,25}{760} \cdot \frac{273}{273 + 50} = 0,997 \text{ kg/cbm}.$$

Nach Tabelle III ist

$$\gamma_s = 0,0832 \text{ kg/cbm},$$

folglich wird

$$\gamma_d = 0,5 \cdot 0,0832 = 0,0416 \text{ kg/cbm}.$$

Aus Gl. 9a erhalten wir

$$d' = \frac{0,0416}{0,997} = 0,0418 \text{ kg/kg Luft}.$$

Hätte das Barometer bei $t = 50^0$ einen Druck von 760 mm Hg angezeigt, so wäre der Teildruck der Luft $= 760 - 46,25 = 713,75$ mm Hg geworden. Hiermit würde $\gamma_l' = 1,026$ und $d' = 0,0405$ kg.

Je niedriger der Gesamtdruck q ist, unter welchem die Wasserverdampfung erfolgt, um so größer wird die Wasseraufnahmefähigkeit für 1 kg des trockenen Teiles der Luft bei gleicher Temperatur werden.

Beispiel 6. Ein cbm Luft von $t = 50^0$ und $50\,^0/_0$ Sättigung $(x = 0,5)$ wird bei 760 mm Hg auf $t_1 = 40^0$ abgekühlt. Wie groß ist der Sättigungsgrad nach der Abkühlung?

Der Wassergehalt $d'_{(50)}$ bei 50^0 und $50\,^0/_0$ Sättigung ist nach Tabelle I, Spalte 31

$$0,0405 \text{ kg.}$$

Offenbar wird $d'_{(50)}$ bei der Abkühlung der Luft seinen Wert behalten, da Temperaturänderungen nicht das Gewicht des trockenen Teiles der Luft, auf welches d' sich allein bezieht, irgendwie beeinflussen können. Wir erhalten daher auch

$$d'_{(40)} = 0,0405 \text{ kg.}$$

In Tabelle I, Spalte 9 finden wir für $t = 40^0$ bei

$$x = 0,9 \qquad d' = 0,043\,76$$

und bei

$$x = 0,8$$
$$\text{(Spalte 4)} \quad d' = 0,038\,60$$

| Differenz für $10\,^0/_0$: | $0,005\,16$ |
| und für $1\,^0/_0$: | $0,000\,516$ kg. |

Der Unterschied zwischen $d'_{(40)}$ bei dem gesuchten „x" und $d'_{(40)}$ bei $x = 0,9$ ist

$$\begin{array}{r} 0,043\,76 \\ -\ 0,040\,5 \\ \hline 0,003\,26 \end{array}$$

Es folgt: $0,003\,26 : 0,000\,516 = 6,3\,^0/_0$ und als gesuchte relative Feuchtigkeit

$$90 - 6,3 = 83,7 \sim 84\,^0/_0\,(x = 0,84).$$

Man erkennt, daß auch die Benutzung der Tabelle I zu demselben Ziele führt, wie die im Beispiel 3 angewandte Methode.

In umgekehrter Weise kann man auch die relative Feuchtigkeit bei Erwärmung der Luft von t_1 auf t^0 finden. Es ist leicht, weitere Beispiele selbst zu bilden und durchzurechnen.

g) Die Verhältnisse bei Drücken, welche wesentlich über oder unter 760 mm Hg liegen.

Die in den vorhergehenden Absätzen mitgeteilten Gesetze haben allgemeine Gültigkeit und können deshalb für jeden beliebigen Luftdruck, der größer oder kleiner ist als der atmosphärische, Anwendung finden.

Beispiel 7.

Gegeben: Der Sättigungsgrad $x = 1$ ($100\,^0/_0$ relat. Feuchtigkeit); die Temperatur der feuchten Luft $t = 150^0$; die Gesamtspannung $g = 5880$ mm Hg (8 kg/qcm absol.).

Gesucht: Die Teilspannung des in der Luft enthaltenen Dampfes q_s, sein spezifisches Gewicht γ_s; die Teilspannung des trockenen Teiles der Luft q_l; das spezifische Gewicht der reinen Luft γ_l und der Dampfgehalt d bezogen auf 1 kg des trockenen Teiles der feuchten Luft.

Nach der „Hütte", 22. Aufl., Tabelle III, Seite 418 ist die Spannung gesättigten Dampfes bei $t = 150^0$

$$q_s = 3581 \text{ mm Hg } (4,86 \text{ kg/qcm absol.})$$

und

$$\gamma_s = 2,55 \text{ kg/cbm.}$$

Es folgt nach Gl. 2a

$$q_l = 5880 - 3581 = 2299 \text{ mm Hg.}$$

Nach Gl. 5 wird

$$\gamma_l = 1,293 \cdot \frac{2299}{760} \cdot \frac{273}{273 + 150} = 2,52 \text{ kg/cbm.}$$

Aus Gl. 9 ergibt sich

$$d = \frac{2,55}{2,52} \sim 1 \text{ kg Dampf/1 kg Luft.}$$

Beispiel 8.

Gegeben: $x = 0,2$ ($20\,^0/_0$ relat. Feuchtigkeit); $t = 150^0$; $q = 5880$ mm Hg

Gesucht: q_d; γ_d; q_l; γ_l'; d'.

Nach Gl. 3a ist: $q_d = x q_s = 0,2 \cdot 3581 = 716,2$ mm Hg,

nach Gl. 1 ist: $\gamma_d = x \gamma_s = 0,2 \cdot 2,55 = 0,51$ kg/cbm.

Ferner wird

nach Gl. 2a: $q_l = q - q_d = 5880 - 716,2 \sim 5164$ mm Hg.

Aus Gl. 5a erhalten wir:

$$\gamma_l' = 1,293 \, \frac{5164}{760} \cdot \frac{273}{273 + 150} = 5,66 \text{ kg/cbm.}$$

Mit Benutzung der Gl. 9a folgt schließlich

$$d' = \frac{0,51}{5,66} = 0,09 \text{ kg Dampf/1 kg Luft.}$$

Beispiel 9.

Gegeben: $x = 1\,(100\,^0/_0\text{ Sättigung})$; $t = 60^0$; $q = 380$ mm Hg ($\frac{1}{2}$ atm. absol.).

Gesucht: q_s; γ_s; q_l; γ_l; d.

Nach Tabelle III ist: $q_s = 148,8$ mm Hg; $\gamma_s = 0,129$ kg/cbm,

nach Gl. 2a: $q_l = q - q_s = 380 - 148,8 = 231,2$ mm Hg,

nach Gl. 5: $\gamma_l = 1,293\,\dfrac{231,2}{760} \cdot \dfrac{273}{273 + 60} = 0,322$ kg/cbm,

nach Gl. 9: $d = \dfrac{\gamma_s}{\gamma_l} = \dfrac{0,129}{0,322} = 0,423$ kg Dampf/1 kg Luft.

Beispiel 10.

Gegeben: $x = 0,5\,(50\,^0/_0\text{ Sättigung})$; $t = 60^0$; $q = 380$ mm Hg.

Gesucht: q_d; γ_d; q_l; γ_l'; d'

$$q_d = x\,q_s = 0,5 \cdot 148,8 = 74,4 \text{ mm Hg}$$

$$\gamma_d = x\,\gamma_s = 0,5 \cdot 0,129 = 0,0645 \text{ kg/cbm}$$

$$q_l = q - q_d = 380 - 74,4 = 305,6 \text{ mm Hg}$$

$$\gamma_l' = 1,293\,\frac{305,6}{760} \cdot \frac{273}{273 + 60} = 0,425 \text{ kg/cbm}$$

$$d' = \frac{\gamma_d}{\gamma_l'} = \frac{0,0645}{0,425} = 0,152 \text{ kg Dampf/1 kg Luft.}$$

h) Die Lufttemperatur liege über 100° C, der Gesamtdruck entspreche dem mittleren Barometerstand von 760 mm Hg.

Wir haben bisher vorausgesetzt, daß der Sättigungsdruck des in der Luft enthaltenen Dampfes kleiner sei, als der Gesamtdruck der feuchten Luft. Überschreitet nun die Temperatur der Luft 100° C, und befindet sich die letztere im offenen Raume wo im Durchschnitt ein Druck von 760 mm Hg herrscht, so wird der Gesamtdruck bei weiterer Steigerung der Temperatur konstant bleiben. Es ist jedoch nunmehr die Möglichkeit gegeben, daß der Teildruck des Dampfes einen Grenzwert erreicht, welcher bei allen Temperaturen von 100° C und darüber höchstens gleich der vom Barometer angezeigten Spannung werden kann. Es ist sodann

$$q_d = q.$$

Da nun gemäß Gl. 5a das spezifische Gewicht des trockenen Teiles der Luft

$$\gamma_l' = 1{,}293 \frac{q - q_d}{760} \cdot \frac{273}{273 + t}$$

war, so folgt $\quad\quad \gamma_l = 0,$

d. h. es ist für diesen Grenzfall (theoretisch) keine Luft mit dem Dampfe gemischt; der letztere tritt also selbständig auf. Man kann hiernach von „gesättigter" Luft nicht mehr sprechen, wenn eine Temperatur von $100^0\,$C erreicht oder überschritten wird und der Dampfdruck gleich der Spannung der atmosphärischen Luft ist.

Wird hierbei $t > 100^0$, so haben wir es offenbar mit überhitztem Dampfe zu tun, dessen spezifisches Volumen v nach der folgenden bekannten Formel der „Hütte" (22. Aufl., S. 422) bestimmt werden kann:

$$v = 47 \frac{T}{P} + 0{,}001 - \mathfrak{V} \ \text{cbm/kg}.$$

Hierin bedeuten:

T die absol. Temperatur des überhitzten Dampfes $(T = 273 + t)$,
P den absol. Druck in kg/qm,
$\mathfrak{V}$ einen Wert, welcher in der Tabelle der „Hütte" (22. Aufl., S. 420) zu finden ist.
(Für $q_d = 760$ mm Hg ist $P = 10333$ kg/qm.)

Das spezifische Gewicht dieses überhitzten Dampfes ist dann

$$\gamma_a = \frac{1}{v} \ \text{kg/cbm}.$$

Ein kg Luft über $100^0\,$C kann (theoretisch) jede beliebige Menge Wasserdampf abführen, wenn Dampf und Luft unabhängig auftreten und beide die gleiche Spannung besitzen, also etwa unter dem Drucke der Atmosphäre stehen. Das Gesamtvolumen ist dann gleich der Summe des Dampf- und Luftvolumens bei der gemeinsamen Temperatur t.

Das spezifische Volumen des überhitzten Dampfes kann auch noch aus der von R. Linde aufgestellten Beziehung

$$v = \frac{47{,}1\,T}{P} - 0{,}016 \ \text{cbm/1 kg} \ \ldots \ldots \ (10)$$

berechnet werden, worin T und P dieselbe Bedeutung haben wie in der oben angeführten Formel der „Hütte".

Wird der Dampfdruck in kg/qcm (p) eingeführt, so erhält man nach Gl. 10 das spezifische Gewicht des überhitzten Dampfes aus[1]):

---

[1]) W. Schüle, Thermodynamik, III. Aufl. (Verlag von Julius Springer, Berlin).

$$\gamma_a = \frac{10000}{\dfrac{47,1\,T}{p} - 160} \qquad \ldots \ldots \ldots \quad (10\,\mathrm{a})$$

Für den vorliegenden Fall ist p wieder gleich dem herrschenden Luftdrucke, der im Mittel 1,033 kg/qcm (760 mm Hg) beträgt.

Wird feuchte Luft unter 100° C im offenen Raume auf eine beliebige Temperatur über 100° C erwärmt, so wird das spezifische Gewicht des darin enthaltenen Dampfes γ_d in jedem Falle kleiner sein als $\gamma_{\ddot u}$, weil sein Teildruck q_d kleiner war als q (760 mm Hg, 1,033 kg/qcm) und q_d bei der Erwärmung unverändert bleibt. Der Wert $\gamma_{\ddot u}$ hat nun für feuchte Luft über 100° C dieselbe Bedeutung wie γ_s für Temperaturen bis 100° C. Er stellt das Maximum des Dampfgewichtes dar, welches 1 cbm Luft bei Temperaturen über 100° aufzunehmen vermag. Will man auch bei feuchter atmosphärischer Luft über 100° C von teilweiser Sättigung sprechen, so hat man als Dampfgehalt eines Kubikmeters solcher Luft den Wert

$$\gamma_d = x\,\gamma_{\ddot u}\ \mathrm{kg/cbm} \ \ldots \ldots \ldots \quad (11)$$

anzusehen, worin x wieder den Sättigungsgrad darstellt.

$$x = \frac{\gamma_d}{\gamma_{\ddot u}} \qquad \ldots \ldots \ldots \ldots \quad (11\,\mathrm{a})$$

Da $\gamma_{\ddot u}$ dem Drucke der Atmosphäre q (760 mm Hg) entspricht, so kann auch die Teilspannung des überhitzten Dampfes q_d in ungesättigter Luft von und über 100° aus der Beziehung

$$q_d = xq = x \cdot 760\ \mathrm{mm\ Hg} \ \ldots \ldots \ldots \quad (12)$$

ermittelt werden, sofern x bekannt ist.

Bei allen Lufttemperaturen von 100° C und darüber ist somit q_d für einen bestimmten Wert von x unveränderlich.

In bekannter Weise folgt nun auch hier als Teilspannung des trockenen Teiles der Luft:

$$q_l = q - q_d = 760 - q_d$$

und sein spezifisches Gewicht

$$\gamma_l' = 1{,}293\,\frac{760 - q_d}{760} \cdot \frac{273}{273 + t}$$

Schreibt man $760 - q_d = 760 - x \cdot 760 = 760\,(1 - x)$, so ergibt sich:

$$\gamma_l' = 1{,}293\,\frac{760\,(1 - x)}{760} \cdot \frac{273}{273 + t}$$

oder

$$\gamma_l' = 1{,}293\,(1 - x)\,\frac{273}{273 + t} \quad \ldots \ldots \quad (13)$$

Die Teilspannung der Luft q_l muß für alle Temperaturen über 100^0 C dieselbe Größe haben wie bei 100^0 C, gleichen Sättigungsgrad x vorausgesetzt. Man kann jetzt auch das Dampfgewicht d' für 1 kg des trocknen Teiles der Luft aus der Gleichung

$$d' = \frac{\gamma_d}{\gamma_l},$$

berechnen und kennt sodann alle diejenigen Werte, welche wir gemäß Gl. 1, 3a, 5a und 9a unter anderen Voraussetzungen weiter oben bereits gefunden hatten.

Fassen wir einen beliebigen Wert von d', bezogen auf 1 kg des trockenen Teiles ungesättigter Luft von 100^0 C ins Auge und denken die letztere auf t^0 erwärmt, so wird offenbar d' für jede beliebige, höhere Temperatur den gleichen Wert haben müssen wie zuvor, weil das Gewicht der reinen Luft bei der Erwärmung sich nicht ändern kann. Ferner muß der Sättigungsgrad x, d. i. das Verhältnis

$$\frac{q_d}{760} \text{ (siehe Gl. 12)}$$

hierbei denselben Wert behalten wie bei 100^0, weil die Spannung des Dampfes q_d bei der Überhitzung konstant bleibt. Für einen bestimmten gleichbleibenden Sättigungsgrad x wird somit der Wassergehalt d' für alle Temperaturen über 100^0 dieselbe Größe besitzen wie bei 100^0. Es ist hiernach d' ganz unabhängig von der Lufttemperatur t, sofern diese 100^0 C überschreitet, so daß z. B. $d'_{(200^0)}$ nicht größer als $d'_{(100^0)}$ sein wird, wenn die relative Feuchtigkeit für beide Fälle dieselbe ist. In Tabelle V sind Zahlenwerte für d' (in g/kg Luft) für Temperaturen bis 200^0 und verschiedene Sättigungsgrade zu finden.

Beispiel 11.

Die relative Feuchtigkeit atmosphärischer Luft sei $50^0/_0$ $(x = 0{,}5)$, ihre Temperatur $t = 180^0$, die Gesamtspannung (= dem atmosphärischen Druck) q betrage 760 mm Hg. Welche Größe haben: der Teildruck des Dampfes q_d; der Teildruck der Luft q_l und der Wassergehalt, bezogen auf 1 kg des trocknen Teiles dieser Luft, d'?

Nach Gl. 12 ist

$$q_d = x \cdot 760 = 0{,}5 \cdot 760 = 380 \text{ mm Hg,}$$

somit wird

$$q_l = q - q_d = 760 - 380 = 380 \text{ mm Hg.}$$

Aus Tabelle I, Spalte 31 erhalten wir für $t = 100^0$ und $x = 0{,}5$

$$d' = 0{,}631 \text{ kg} = 631 \ g.$$

Gleichzeitig ist aber auch der gesuchte Wassergehalt für 1 kg des trockenen Teiles der Luft bei 180^0 und $50^0/_0$ Feuchtigkeit $d'_{(180)} = 0,631$ kg.

Die Werte q_d und q_l hätten wir ebenfalls unmittelbar aus Tabelle I, Spalten 29 und 32 für $t = 100^0$ und $x = 0,5$ entnehmen können. d' und q_d sind ferner in Tabelle V, Spalten 18 und 19 für $t = 180^0$ und $x = 0,5$ zu finden.

Wir hatten weiter oben, als es sich um Temperaturen unter 100^0 C handelte, das Verhältnis $\dfrac{\gamma_d}{\gamma_s} = \dfrac{q_d}{q_s}$ als „Sättigungsgrad" x (s. Gl. 3) bezeichnet.

Auch im vorliegenden Falle ($t > 100^0$) könnte man den wirklichen Teildruck des Dampfes in der Luft „q_d", dividiert durch den Sättigungsdruck „q_s" des Dampfes, entsprechend der Lufttemperatur t ($> 100^0$) als Sättigungsgrad bezeichnen, denn die im Vorstehenden entwickelte Beziehung:

$$\frac{\gamma_d}{\gamma_{\ddot{u}}} = \frac{q_d}{760} = x$$

kennzeichnet in der Tat nur das Raumverhältnis des Dampfes in der feuchten Luft ohne Bezugnahme auf den Grenzzustand der „Sättigung", der allerdings ($t > 100^0$) im eigentlichen Sinne nur bei Drücken über 760 mm Hg einzutreten vermag. Rechnen wir also bei $t > 100^0$ mit $x = \dfrac{q_d}{q_s}$, so ergibt sich der Nachteil, daß der Wert x nicht länger den Teil des in maximo erreichbaren Dampfgewichtes vorstellt, welcher in Wirklichkeit in einem Kubikmeter Luft enthalten ist; denn jenes Maximum ist bei einem Gesamtdruck von 760 mm Hg nicht gleich γ_s (q_s und t^0), sondern gleich $\gamma_{\ddot{u}}$ (bei 760 mm und t^0).

II. Die Berechnung der Trockner.

a) Trockendauer und Trocknerinhalt.

Das feuchte Material muß der trocknenden Luft eine bestimmte Zeit lang ausgesetzt werden, wenn die verlangte Wasserentziehung erreicht werden soll. Diese „Trockendauer" ist sehr verschieden und kann allein durch Versuche ermittelt werden. Sie hängt von der Beschaffenheit des Stoffes, seinem Anfangs- und Endwassergehalt, von der Temperatur der Heißluft und vielen anderen Momenten ab. Häufig wird eine lange Trockendauer, d. h. ein langsames Trocknen erforderlich, weil schnelle Wasserentziehung gewisse Eigenschaften des Gutes schädigen würde. So rechnet man z. B. bei Brot- und Saatgetreide mit etwa einstündiger Trockendauer, um die Back- bzw. Keimfähigkeit nicht herabzusetzen. Die dichte Schale mancher Feldfrüchte bildet im Verein mit der Unzulässigkeit hoher Temperaturen der Trockenluft bspw. einen Grund für die Verzögerung des Trocknungsprozesses. Die Verdunstung der Feuchtigkeit geht bei nassem Material naturgemäß lebhafter vonstatten als bei relativ trockener Ware, und es ist nicht gleichgültig, ob z. B. auf einen Endwassergehalt von $12^0/_0$ oder $3^0/_0$ herunter getrocknet werden soll.

Nun bestimmt offenbar die Trockendauer den Inhalt, das Fassungsvermögen jedes Trockners.

Bedeuten

T die Trockendauer in Stunden,

J den nutzbaren Inhalt des Trockners in cbm,

V_{st} das Volumen des Feuchtgutes (cbm), welches in 1 Stunde getrocknet werden soll,

so muß sein:

$$T = \frac{J}{V_{st}} \text{ Std.} \quad\ldots\ldots\ldots\ldots\ldots (14)$$

Bezeichnen

Q die stündliche Leistung in tons,

s das Raumgewicht des Feuchtgutes in t/cbm (nicht zu verwechseln mit dem „spezifischen" Gewicht!),

so ist auch

$$V_{st} = \frac{Q}{s} \text{ cbm.}$$

Hiermit wird

$$T = \frac{J \cdot s}{Q} \text{ Std.} \quad\ldots\ldots\ldots\ldots (14\,\text{a})$$

Es folgt der nutzbare Trocknerinhalt bei vorgeschriebener Trockendauer und Leistung:

$$J = \frac{QT}{s} \text{ cbm} \quad\ldots\ldots\ldots\ldots (14\,\text{b})$$

und die stündliche Leistung, wenn Inhalt und Trockendauer bekannt sind:

$$Q = \frac{Js}{T} \text{ tons} \quad\ldots\ldots\ldots\ldots (14\,\text{c})$$

Beispiel 12.

Gegeben: Der nutzbare Inhalt eines Getreidetrockners $J = 2{,}15$ cbm, die stündliche Leistung $Q = 2$ tons und das Raumgewicht $s = 0{,}7$.

Gesucht: Der Zeitraum, während dessen jedes Korn dem Luftstrom ausgesetzt ist.

Nach Gl. 14a folgt:

$$T = \frac{2{,}15 \cdot 0{,}7}{2} \cong 0{,}75 = {}^3/_4 \text{ Std.}$$

Besteht ein wesentlicher Unterschied zwischen dem Raumgewicht „s“ des Feuchtgutes und dem der Trockenware, so ist das arithmetische Mittel aus beiden zu benutzen.

b) Sättigungsgrad der Abluft.

Die erreichbare relative Feuchtigkeit der Abluft ist, wie wir später deutlich erkennen werden, von großem Einfluß auf den Wärme- und Kraftverbrauch der Trockner. Eine sichere Vorausbestimmung des Sättigungsgrades, welche auf alle Verhältnisse anwendbar wäre ist z. Z. nicht möglich; jedoch bietet die nachstehende Betrachtung einen Anhalt, durch welchen jedenfalls grobe Fehler in den ersten Annahmen für die Berechnung eines neuen Apparates oder eines bekannten Trockners für einen neuen Verwendungszweck vermieden werden können.

Es ist nun leicht einzusehen, daß der Sättigungsgrad der Abluft um so höher ausfallen kann, je feuchter das frische Gut ist. Weniger klar verständlich ist aber der Einfluß des Endwassergehaltes des getrockneten Materials auf den Feuchtigkeitsgehalt der Abluft.

Bekanntlich gelten die Spannungen des Wasserdampfes, welche wir in den Dampftabellen finden nur für den Fall, daß sich der Dampf wirklich über H_2O befindet. Die Größe der Spannung wird aber nicht mehr mit dem Tabellenwert übereinstimmen, wenn an die Stelle des Wassers etwa eine verdünnte Lauge tritt. Dieses veränderte Verhalten der Wasserdämpfe trifft auch dann zu, wenn sie sich über festen Stoffen entwickeln. Die im Getreidekorn usw. enthaltene Feuchtigkeit verdampft deshalb keineswegs mit derselben Spannung, wie bei gleicher Temperatur über Wasser. Außerdem wird der bei der Verdunstung auftretende Druck um so niedriger sein, je geringer der prozentische Wassergehalt des Materials ist, und er kann erst bei einem bestimmten Werte des letzteren dem Drucke gesättigten Dampfes über Wasser gleichkommen.

Die folgende kleine Tabelle (Fig. 1), S. 24, gibt Aufschluß über die Spannungen q_M des Wasserdampfes, welche bei der Verdunstung der Feuchtigkeit aus Gerste entstehen. Sie enthält ferner die maximale, relative Feuchtigkeit der Luft, welche sich über dem Getreide befindet in Übereinstimmung mit den Dampfspannungen q_M.

Wie ersichtlich, erreicht der Dampfdruck über Gerste erst bei rund 19 $^0/_0$ Wassergehalt des Getreides denselben Wert wie Dampf über H_2O, wenn in beiden Fällen die Temperatur 34^0 C beträgt. Nach Tabelle III (Anhang) ist der Dampfdruck in gesättigter Luft bei 34^0

$$q_s = 39,9 \text{ mm Hg}[1]).$$

____

[1]) Etwas abweichend von dem entspr. Werte der Tabelle Fig. 1.

Fig. 1.[1])

Temperatur der Gerste: 34° C
Lufttemperatur: 34° C
Dampfspannung der gesättigten Luft $q_s = 39{,}52$ mm Hg

1	2	3	4
Wassergehalt der Gerste p_t $^0/_0$	Spannung der sich bildenden Dämpfe q_M mm Hg	Dem Druck q_M entsprechende, höchstens erreichbare relative Feuchtigkeit der Luft von der gleichen Temperatur, wie die Gerste $^0/_0$	Sättigungsgrad x
5,87	7,25	18,4	0,184
7,64	12,96	32,8	0,328
10,45	20,51	51,9	0,519
12,60	24,74	66,2	0,662
14,58	29,14	73,8	0,738
18,71	39,52	100,0	1

Gleichzeitig ist auch die Spannung des bei der Wasserverdunstung über der Gerste bei 18,71 oder rd. 19 $^0/_0$ Feuchtigkeitsgehalt entstehenden Dampfes

$$q_M \backsimeq 39{,}9 \text{ mm Hg.}$$

Dagegen beträgt die Spannung über dem Getreide bei 5,87 $^0/_0$ Wassergehalt und 34° nur

$$q_M = 7{,}25 \text{ mm Hg.}$$

Ebenso, wie die Wärme nur vom wärmeren zum kälteren Stoffe fließt, wird auch der Wasserdampf nur von den Orten höherer Spannung zu den Orten niederer Spannung strömen. Man hätte hiernach z. B. keinerlei Wasserabgabe von Gerste mit 5,87 $^0/_0$ Wassergehalt und 7,25 mm Hg Feuchtigkeitsdruck an $^3/_4$ gesättigte Luft von 34° mit $0{,}75 \cdot 39{,}9 = 30$ mm Hg Dampfspannung zu erwarten. Eine Verdunstung könnte erst dann erfolgen, wenn die Teilspannung des Wasserdampfes in der Luft kleiner als 7,25 mm Hg, also etwa gleich 5 mm Hg werden würde. Dieses trifft bei

$$x = \frac{5}{39{,}9} = \frac{1}{8} \quad \text{oder} \quad 12^1/_2 \, ^0/_0$$

relativer Feuchtigkeit zu.

---

[1]) **Hoffmann**, Das Getreidekorn, II. Band (Verlag P. Parey, Berlin).

Dem erreichbaren Sättigungsgrad der Abluft sind demnach gewisse Grenzen gezogen, und es wird stets die für eine bestimmte Wasserverdampfung erforderliche Luftmenge im hohen Maße von dem Endwassergehalt des Trockengutes abhängen. Leider liegen uns zuverlässige Angaben über die Feuchtigkeitsdrücke für andere Stoffe und höhere Temperaturen als 34° z. Z. nicht vor. Nach der von Prof. Hoffmann ausgesprochenen Ansicht ist anzunehmen, daß die maximale relative Feuchtigkeit der Luft bei Temperaturen der Gerste über 34° hinaus sich nicht viel verändert[1]). Erwärmte man hiernach die Gerste bei einem Wassergehalt von 5,87$^0/_0$ etwa auf 60°, so würde die relative Feuchtigkeit der Luft von derselben Temperatur (60°), wie oben gezeigt, 12,5$^0/_0$ nicht überschreiten dürfen, falls eine Wasserabgabe noch erfolgen soll. Naturgemäß wird der mittlere, wirkliche Sättigungsgrad der Abluft bei Schachtrocknern oder vertikalen Dampfdarren (vgl. Fig. 11 und 14) stets höher liegen, als dies nach den letzten Betrachtungen in Hinsicht auf den Endwassergehalt des trocknen Gutes möglich erscheint. Es liegt dies daran, daß der höhere Wassergehalt des eintretenden feuchten Stoffes auch einen bedeutend größeren Feuchtigkeitsgehalt der Abluft bewirkt, und nur derjenige Teil der Abluft, welcher die unteren, bereits stark vorgetrockneten Schichten verläßt, sehr wenig ausgenutzt werden kann. Durch die eintretende Mischung der Luft aus den verschiedenen Zonen gelangt man somit zu einer mittleren relativen Feuchtigkeit im Abluftrohr, welche stets erheblich höher ist, als die mit Rücksicht auf den Endwassergehalt vorausgesagte. Bei bekanntem prozentischen Feuchtigkeitsgehalt des Materials beim Zu- und Ablauf kann man jedoch sehr wohl zu einem angenähert richtigen Schluß auf den voraussichtlichen mittleren Sättigungsgrad der Abluft gelangen. Bei Trommeltrocknern, die nach dem Gleichstromprinzip arbeiten (vgl. Fig. 12) kommt das vorgetrocknete Material nicht mit frischer Heißluft in Berührung, sondern hier tritt dieselbe Luft, welche das feuchteste Gut durchströmt und hierbei Wasser aufgenommen hat, auch durch das getrocknete Endprodukt. Naturgemäß liegen die Verhältnisse ungünstiger als beim Vertikaltrockner, denn es wird die relative Feuchtigkeit der gesamten Luftmenge vom Endwassergehalt der Trockenware bestimmt, so daß höhere Temperaturen oder größere Luftmengen zur Anwendung kommen müssen.

Wir sind von der Annahme ausgegangen, daß die Ablufttemperatur gleich der Trockenguttemperatur sei. In Wirklichkeit wird

---

[1]) Die in dem auf S. 24, Fußnote, angegebenen Werke mitgeteilten Werte für tiefere Temperaturen sind vorläufig für uns von geringerem Interesse.

dies bei Gegenstromtrocknern selten, bei Gleichstromtrocknern nie genau zutreffen (vgl. S. 132, Beispiel 30).

Nehmen wir einmal an, die getrocknete Gerste besitze einen Wassergehalt von $12,6\,^0/_0$ und eine Temperatur von 50^0, während die Ablufttemperatur $t_n = 65^0$ betragen möge, so folgt als zulässige relative Feuchtigkeit nach Tabelle Fig. 1 $66,2\,^0/_0$. Diese gilt aber nur für die gleiche Temperatur wie die des Getreides, d. h. für 50^0 C. (Vgl. das über die Anwendbarkeit der Tabellenwerte auf S. 25 Gesagte.) Die Dampfspannung in feuchter Luft von 50^0 bei $66,2\,^0/_0$ Sättigung ist aber nach Gl. 3a mit $q_s = 92,5$ (Tabelle III, Spalte 2):

$$q_d = 0,662 \cdot 92,5 \simeq 61 \text{ mm Hg}.$$

Die gleiche Spannung besitzt nun auch der aus der Gerste sich entwickelnde Dampf bei 50^0 C. Soll eine Wasseraufnahme gerade noch erfolgen, so darf auch der Teildruck der Feuchtigkeit in der Luft von 65^0 61 mm Hg nicht überschreiten. Da nun gemäß Tabelle III für 65^0 $q_s = 187,5$ mm Hg ist, so erhalten wir als maximalen Sättigungsgrad der Abluft

$$x = \frac{61}{187,5} \simeq 0,325 \quad \text{oder} \quad 32,5\,^0/_0.$$

Die Wasserverdampfung wird naturgemäß um so lebhafter vonstatten gehen, je größer der Spannungsunterschied zwischen q_M und q_d ist. (Die obigen Erläuterungen begründen auch die oft beobachtete Erscheinung, daß die Leistung eines Trockners bei etwas feuchterem Material meistens nicht erheblich zurückgeht, sondern lediglich die mittlere relative Feuchtigkeit bei angenähert gleichem Luftverbrauch etwas größer wird.)

c) Temperatur des getrockneten Materials[1].

Die im vorigen Absatz entwickelte Hypothese gestattet auch einen angenähert richtigen Schluß auf die Temperatur des Trockengutes, welche bei einer gewissen Sättigung und Temperatur der Abluft zu erwarten ist.

Es gelte der Satz:

„Eine Temperaturzunahme des Gutes erfolgt nur bis zum Beginn der Dampfentwicklung aus dem darin enthaltenen Wasser.“

Diese findet aber statt, sobald die Materialtemperatur so hoch gestiegen ist, daß Dämpfe entstehen können, deren Spannung mindestens gleich dem Teildruck der Feuchtigkeit in der Abluft an dem

---

[1] S. a. Abs. „o“, Beispiel 21.

betreffenden Orte ist. Die Materialtemperatur wird also um so höher steigen, je feuchter die Luft ist; denn mit dem Wassergehalt wächst auch die Spannung des Dampfes in der letzteren, wodurch die Druckdifferenz zwischen Material- und Luftfeuchtigkeit verringert und die Lebhaftigkeit der Verdunstung herabgesetzt werden wird. So hätte man z. B. bei 60^0 und $40^0/_0$ Sättigung mit einer stärkeren Erwärmung zu rechnen als bei derselben Temperatur und $20^0/_0$ Wassergehalt der Abluft. In dem einen Falle ist (vgl. Tabelle III)

$$q_d = 0{,}4 \cdot 149{,}5 \simeq 60 \text{ mm Hg,}$$

im anderen

$$q_d = 0{,}2 \cdot 149{,}5 \simeq 30 \text{ mm Hg.}$$

Wäre nun die Spannung der Dämpfe über dem Trockengut gleich derjenigen über Wasser, so hätte man lediglich in den Dampftabellen diejenige Temperatur aufzusuchen, bei welcher Sattdampf einen Druck von 60 bzw. 30 mm Hg besitzt. Dies würde bei $\sim 42^0$ bzw. 29^0 C zutreffen. Man käme also zu dem Schlusse, daß die Temperaturen des abfließenden Gutes für diesen Fall 42 bzw. 29^0 nicht überschreiten könnten.

Bei der vorstehenden Überlegung haben wir den prozentischen Wassergehalt des Trockengutes außer acht gelassen. Dieses Verfahren ist jedoch — mit großer Wahrscheinlichkeit für alle festen Stoffe — nur bei relativ hohem Endwassergehalt zulässig. Wir haben gesehen, daß die Spannungen der Wasserdämpfe über Getreide kleiner sind als über Wasser, wenn der prozentische Feuchtigkeitsgehalt des Gutes einen bestimmten Wert (bei der Gerste rd. $19^0/_0$) unterscheidet. Hieraus folgt nun offenbar, daß eine Erwärmung auf entsprechend höhere Temperaturen erfolgen muß, will man dieselbe Spannung bei der Verdunstung erzielen, wie bei Dämpfen über Wasser. Als solche müssen wir nun aber die in der feuchten Luft befindlichen Wasserdämpfe ansehen! Wir haben ferner erkannt, daß der Endwassergehalt eines Stoffes die Spannung der aus seiner Feuchtigkeit entstehenden Dämpfe wesentlich beeinflußt. Wollen wir also bei relativ trockenen Stoffen, insbesondere bei Getreide, auf die vermutliche Temperatur des abfließenden Materials, auf die es uns hier allein ankommt, schließen, so darf dies nur mit Benutzung des im Absatz b Mitgeteilten geschehen.

Wir finden in der kleinen Tabelle Fig. 1 für Gerste von $10{,}45^0/_0$ Wassergehalt den erreichbaren Sättigungsgrad der Abluft $x = 0{,}519 \simeq 0{,}52$; d. h. bei 34^0 C und, wie früher erwähnt, mit großer Wahrscheinlichkeit auch bei höheren Temperaturen, werden Feuchtigkeitsspannung des Getreides und Dampfspannung der Luft sich im Gleichgewicht befinden, falls die relative Feuchtigkeit der Abluft $52^0/_0$

beträgt und ihre Temperatur gleich derjenigen des Trockengutes ist. Das letztere wird selten zutreffen, in der Regel wird vielmehr die Temperatur der Abluft höher sein als die des getrockneten Stoffes. Es ist nun vor allem erforderlich, die Spannung des Dampfes in der Abluft bei der angenommenen Sättigung festzustellen, weil hiervon die Materialtemperatur t_M abhängt.

Nehmen wir wieder an, es sei die Temperatur der Abluft $t_n = 60^0$ und ferner $x = 0,4$ bzw. 0,2, so folgt dementsprechend $q_d = 60$ bzw. 30 mm Hg (s. oben). Es gilt nun, t_M für den Fall zu finden, wo die Spannung der über dem Getreide sich bildenden Dämpfe $q_M = 60$ bzw. 30 mm Hg wird. Wären Luft- und Materialtemperatur gleich t_M, eine Annahme, auf der ja die Tabelle Fig. 1 basiert, so würden offenbar die Spannungen sich im Gleichgewicht befinden, wenn der Teildruck des Dampfes in gesättigter Luft bei t_M^0

$$q_s = \frac{q_d}{x} = \frac{60}{0,52} \backsim 115 \text{ bzw. } \frac{30}{0.52} = 58 \text{ mm Hg}$$

beträgt.

Mit q_s ist nun aber auch ohne weiteres t_M gegeben, denn wir haben jetzt lediglich in Tabelle III eine q_s entsprechende Temperatur aufzusuchen. Wir erhalten $t_M = 54$ bzw. 41^0, gegenüber 42 bzw. 29^0 nach der früheren, unrichtigen Methode (S. 27). Bei einer Ablufttemperatur $t_n = 60^0$ und dem Sättigungsgrad $x = 0,4$ bzw. 0,2 entsteht hiernach eine Materialtemperatur $t_M = 54$ bzw. 41^0, wenn der Endwassergehalt des Trockengutes $10,45^0/_0$ beträgt. Hierbei werden die Feuchtigkeitsspannung des letzteren und die Dampfspannung der Abluft von 60^0 einander gleich sein. Bei jeder weiteren Erhöhung von t_M wird $q_M > q_d$ werden, und folglich ein Spannungsunterschied entstehen, welcher lebhafte Verdampfung einleitet. Eine weitere Erwärmung des Gutes ist alsdann nicht mehr zu erwarten, weil jede weitere Wärmezufuhr nur zur Verdunstung der Feuchtigkeit des Materials dienen würde, ohne jedoch seine Temperatur heraufzusetzen.

Die Wichtigkeit der kleinen Tabelle Fig. 1 wird noch deutlicher, wenn man etwa einen Endwassergehalt von $5,87^0/_0$ voraussetzt, wobei bereits $18,4^0/_0$ relative Feuchtigkeit die Grenze der Dampfspannung in der Luft herbeiführen. Wollte man trotzdem versuchen, bis auf $20^0/_0$ gesättigte Luft zu verwenden, so ergäbe sich unter Beibehaltung der oben benutzten Zahlenwerte für Luft von $t_n = 60^0$ C (q_d für $x = 0,2 : 30$ mm Hg) die Sattdampfspannung, welche t_M bestimmt zu

$$q_s = \frac{30}{0,184} \backsim 163 \text{ mm Hg,}$$

was nach Tabelle III einer Temperatur von 62^0 entspräche. Es zeigt
sich, daß eine Trocknung bis auf den geringen Endwassergehalt von
$5,87^0/_0$ nicht zu erwarten ist, da natürlich die Materialtemperatur
niemals höher sein kann als t_n, sofern man Gleichstromtrocknung
annimmt, und die Ablufttemperatur nicht einen Mittelwert aus verschiedenen Zonen bildet, wie bei einem Schachttrockner. Geht man
dagegen mit der relativen Feuchtigkeit auf $10^0/_0$ herunter, so folgt
$q_d = 0,1 \cdot 149,5 \simeq 15$ mm Hg (Tabelle III), so daß t_M für

$$q_s = \frac{15}{0,184} = 81 \text{ mm Sattdampfspannung aufzusuchen wäre. Wir finden}$$

$t_M = 47^0$ C (Tabelle III).

Bei Ablufttemperaturen über 100^0 C verändert sich die Teilspannung des Dampfes bei gleichbleibender relativer Feuchtigkeit
nicht mehr (vgl. S. 19). So hat man z. B. sowohl bei $t_n = 120^0$ und
$x = 0,15$, als auch für $t_n = 200^0$ und $x = 0,15$ eine Teilspannung
$q_d = 114$ mm Hg. Lediglich zur Erläuterung des hier behandelten
Gegenstandes wollen wir einmal annehmen, die in Tabelle Fig. 1 für
Gerste mitgeteilten Werte würden auch für andere Stoffe gelten,
welche höhere Temperaturen vertragen als Getreide, so würde die
Sattdampfspannung der Luft bei t_M^0, $5,78^0/_0$ Feuchtigkeitsgehalt des

$$\text{Trockengutes und } x = 0,184 \text{ den Wert } q_s = \frac{114}{0,184} = 620 \text{ mm Hg be-}$$

sitzen. Diesem Drucke entspricht eine Sattdampftemperatur von 95^0
(Tabelle III). Nach unserer früheren Hypothese könnte also der be-
treffende Stoff keine höhere Endtemperatur als $t_M = 95^0$ annehmen,
gleichgültig, ob die Abluft 120^0, 200^0 oder einen noch höheren
Wärmegrad besäße. Dies ist natürlich unrichtig! Es fehlt uns bei
Ablufttemperaturen über 100^0 C vorläufig jede Grundlage zur Ab-
schätzung der Erwärmung des Trockengutes. Aber auch dann, wenn
die Abluft kälter ist als 100^0 C darf man nicht vergessen, daß bei
allen nach dem vorstehend erläuterten Verfahren berechneten Materialtemperaturen die Wasserverdampfung eben beginnt! Soll diese
aber lebhaft erfolgen, so müssen naturgemäß erhebliche Unter-
schiede in den Dampfspannungen des Gutes und der Luft geschaffen
werden. Dies kann aber nur durch eine Steigerung der Materialtemperatur geschehen. Man muß folglich damit rechnen, daß die
letztere in Wirklichkeit höher liegen wird, als die theoretische,
welche somit nur den unteren und nicht den oberen Grenzwert
darstellt.

Wir wissen darum lediglich, daß t_M zwischen dem berechneten
Werte und der Ablufttemperatur t_n liegen muß, ihr genauer Wert
ist im voraus nicht zu ermitteln.

Es sei hier noch ein Erklärungsversuch für die eigentümliche

Erscheinung der Spannungsverminderung bei geringer werdendem Wassergehalt des Getreides gemacht.

Nimmt man z. B. an, die Trocknung erfolge von $20^0/_0$ auf $5^0/_0$ Feuchtigkeitsgehalt, so wird zuerst das an der Oberfläche befindliche Wasser verdampfen, und später die Wasserentziehung auf immer weiter nach der Mitte des Körpers zu liegende Schichten sich erstrecken. Gleichzeitig sinkt die Spannung der entstehenden Dämpfe mit dem abnehmenden Feuchtigkeitsgehalt. Man könnte nun diese Erscheinung sich durch die Annahme verständlich machen, im Innern des Körpers herrsche derselbe, oder ein noch höherer Druck als bei der gleichen Temperatur über Wasser; dieser treibe die Feuchtigkeit durch feinste Zellen und Kanäle der weiter außen liegenden Schichten, wo eine höhere Temperatur herrsche als in der Mitte, so daß gleichzeitig Drosselung und Überhitzung erfolge. Der Einfluß dieser beiden Prozesse werde um so stärker, je größer der prozentische Anteil der Trockensubstanz, die als Widerstand angesehen werden mag, im Vergleich zum Wassergehalt ist.

Möge diese Auffassung auch unbeweisbar sein, so schafft sie dennoch ein anschauliches Bild für den sonst unverständlichen Vorgang, welcher z. B. bei 34^0 einmal eine Dampfspannung von rd. 40 mm, dann wieder eine solche von rd. 7 mm entstehen läßt.

Die Tabelle Fig. 1 gilt, wie mehrfach erwähnt, nur für Gerste, und es sind ähnliche interessante Untersuchungen u. W. bisher noch von keinem Forscher in ausreichendem Maße auf andere Stoffe ausgedehnt worden, die für die Trocknung irgendwie in Betracht kämen.

Man kann nun zu Zwischenwerten, welche Fig. 1 nicht enthält, durch Interpolation gelangen. Der leichteren Rechnung halber seien hierfür noch die nötigen Formeln entwickelt.

Bezeichnen:

x_1 den höheren,

x_2 den niederen zweier benachbarter Werte für den Sättigungsgrad in Spalte 4,

$p_t{'}$ den höheren,

$p_t{''}$ den niederen zweier benachbarter Werte für den prozentischen Feuchtigkeitsgehalt des Materials in Spalte 1

x_0 einen zwischen x_1 und x_2 liegenden Wert

p_0 einen zwischen $p_t{'}$ und $p_t{''}$ liegenden Wert,

so verhalten sich

$$x_1 - x_2 : p_t{'} - p_t{''} = x_0 - x_2 : p_0 - p_t{''}$$

und hieraus folgt leicht:

$$x_0 = \frac{(x_1 - x_2)\,(p_0 - p_t{''})}{p_t{'} - p_t{''}} + x_2, \quad \ldots \ldots (15)$$

ferner

$$p_o = \frac{(x_0 - x_2)(p_t' - p_t'')}{x_1 - x_2} + p_t'' \quad \ldots \ldots (15\,a)$$

d) Spezifische Wärme des getrockneten Gutes.

Die spezifische Wärme des Gutes ist von seinem Wassergehalt abhängig, und wächst im allgemeinen mit demselben. Sie wird ihren kleinsten Wert erreichen, wenn alle Feuchtigkeit entzogen ist und gilt dann für die Trockensubstanz des Materials. Nur auf diese bezogen ist sie als fester Wert für einen bestimmten Stoff gegeben.

Bezeichnen

G_t das Gewicht des getrockneten Gutes,

W' den absoluten Wassergehalt des getrockneten Gutes,

c_0 die spezifische Wärme der Trockensubstanz,

c_M die spezifische Wärme des getrockneten Stoffes,

p_t den Endwassergehalt des letzteren in Prozenten,

so erhält man die spezifische Wärme für einen beliebigen Wassergehalt aus der Beziehung

$$c_M = \left(1 - \frac{W'}{G_t}\right) c_0 + \frac{W'}{G_t}\,{}^1).$$

Drückt man W' in Prozenten von G_t aus, so folgt aus obiger Gleichung:

$$c_M = \left(1 - \frac{p_t}{100} \cdot G_t \cdot \frac{1}{G}\right) c_0 + \frac{p_t}{100} \cdot G_t \cdot \frac{1}{G_t}.$$

Man erhält somit:

$$c_M = \left(1 - \frac{p_t}{100}\right) c_0 + \frac{p_t}{100} = c_0 - \frac{c_0\, p_t}{100} + \frac{p_t}{100}.$$

Schließlich wird:

$$c_M = c_0 + \frac{p_t}{100}\,(1 - c_0) \quad \ldots \ldots \ldots (16)$$

Beispiel 13.

Die spezifische Wärme der Trockensubstanz eines Stoffes sei $c_0 = 0{,}35$, sein Wassergehalt $p_t = 10\,^0/_0$. Wie groß ist die spezifische Wärme des feuchten Materials c_M? Nach Gl. 16 erhalten wir:

$$c_M = 0{,}35 + \frac{10}{100}\,(1 - 0{,}35)$$

$$c_M = 0{,}415.$$

Bemerkung.

Bei der Ableitung der Gl, 16 hatten wir alle Werte mit Bezeichnungen versehen, welche sich auf das getrocknete End-

---

¹) Hoffmann, Getreidespeicher (Verlag v. P. Parey, Berlin).

produkt beziehen. Bei den Anwendungsbeispielen wird uns nämlich lediglich die spezifische Wärme des getrockneten Materials interessieren. Natürlich gilt Gl. 16 auch für jedes beliebige feuchte Gut, wenn an die Stelle von p_t sein prozentischer Wassergehalt gesetzt wird (s. Beispiel 13, welches allgemein gehalten ist).

e) Erforderliche Wasserentziehung in Prozenten des Feuchtgutes bei vorgeschriebenem Endwassergehalt des getrockneten Materials.

Es bedeute:

p_a den Gesamtwassergehalt des Feuchtgutes vom Gewicht G_f (kg) vor der Trocknung, ausgedrückt in Prozenten von G_f,

p_t den Endwassergehalt des getrockneten Gutes vom Gewicht G_t (kg) in Prozenten des letzteren,

p_e die erforderliche Wasserentziehung in Prozenten des Feuchtgutes vom Gewicht G_f (kg).

Wie leicht einzusehen ist, muß die folgende Beziehung bestehen:

$$\frac{p_t}{100}\, G_t = \frac{p_a}{100}\, G_f - \frac{p_e}{100}\, G_f.$$

Ferner ist:

$$G_t = G_f - \frac{p_e}{100}\, G_f = G_f\, \frac{100 - p_e}{100}.$$

Setzen wir diesen Wert für G_t in die erste Gleichung ein, so folgt:

$$\frac{p_t}{100}\cdot G_f\, \frac{100 - p_e}{100} = \frac{p_a}{100}\, G_f - \frac{p_e}{100}\, G_f$$

$$\frac{p_t}{100}\,(100 - p_e) = p_a - p_e$$

$$\frac{p_t}{100}\cdot 100 - \frac{p_t\cdot p_e}{100} + p_e = p_a$$

$$p_e\left(1 - \frac{p_t}{100}\right) = p_a - p_t$$

$$p_e = \frac{p_a - p_t}{1 - \dfrac{p_t}{100}} = \frac{p_a - p_t}{\dfrac{100 - p_t}{100}}.$$

Schließlich wird:

$$p_e = \frac{100\,(p_a - p_t)}{100 - p_t} \qquad \ldots \ldots \ldots \quad (17)$$

Beispiel 14.

Das Feuchtgut enthalte insgesamt $p_a = 20\,^0/_0$ Wasser, im getrockneten Material sollen noch $p_t = 5\,^0/_0$ Feuchtigkeit verbleiben.

Wieviel Prozent Wasser p_e, bezogen auf das Anfangsgewicht des feuchten Stoffes, sind zu entziehen, wenn der Endwassergehalt $p_t = 5\,^0/_0$ betragen soll?

Nach Gl. 17 wird:

$$p_e = \frac{100\,(20 - 5)}{100 - 5} = 15{,}8\,^0/_0\,.$$

f) Ermittlung der Feuchtgutmenge aus dem Anfangs- und Endwassergehalt bei bekanntem Gewicht der· Trockenware.

Bei Leistungsversuchen an kontinuierlich arbeitenden Trocknern ist die unmittelbare Bestimmung des Anfangsgewichtes der stündlich zulaufenden feuchten Ware G_f (kg/Std.) häufig schwer durchführbar. Man hilft sich deshalb mit der Berechnung von G_f aus dem prozentischen Anfangs- und Endwassergehalt(p_a und p_t) und der gefundenen, stündlichen Leistung an Trockenware G_t (kg/Std.).

Bezeichnet noch G_0 (kg/Std.) das Gewicht der Trockensubstanz des in 1 Std. abfließenden getrockneten Materials, so wird:

$$1. \quad G_0 = G_f - G_f \frac{p_a}{100} = G_f\left(1 - \frac{p_a}{100}\right) = G_f \frac{100 - p_a}{100}$$

$$2. \quad G_0 = G_t - G_t \frac{p_t}{100} = G_t\left(1 - \frac{p_t}{100}\right) = G_t \frac{100 - p_t}{100}\,.$$

Durch Gleichsetzung folgt:

$$G_f \frac{100 - p_a}{100} = G_t \frac{100 - p_t}{100}$$

und hieraus

$$G_f = G_t \frac{100 - p_t}{100} \cdot \frac{100}{100 - p_a},$$

somit wird

$$G_f = G_t \frac{100 - p_t}{100 - p_a} \quad \dots \dots \dots \dots (18)$$

Beispiel 15.

Der Gesamtwassergehalt eines feuchten Stoffes betrug $p_a = 30\,^0/_0$, der Endwassergehalt der getrockneten Ware $p_t = 5\,^0/_0$; die Leistung an Trockengut wurde zu $G_t = 1500$ kg/Std. ermittelt. Wie groß war die stündliche Leistung an feuchtem Material von $30\,^0/_0$ Wassergehalt?

Nach Gl. 18 ist:

$$G_f = 1500\,\frac{100 - 5}{100 - 30} = 1500\,\frac{95}{70} = 2036 \text{ kg/Std.}$$

g) Bestimmung des Gewichtes der trockenen Luft, welches zur Verdampfung einer gegebenen Wassermenge erforderlich ist.

Die zur Verdampfung eines gewissen Wassergewichtes erforderliche Luftmenge ist von der Wasseraufnahmefähigkeit der Abluft abhängig. Wie im Absatz b dieses Abschnittes gezeigt worden ist, beeinflußt der Endwassergehalt des Materials den erreichbaren Sättigungsgrad in hohem Maße. Eine relative Feuchtigkeit von $30\,^0/_0$ und weniger ist darum in der Praxis keine Seltenheit; nur bei sehr feuchtem Gute und relativ hohem Endwassergehalt kann man bei geeigneter Bauart des Trockners zu einer mittleren Sättigung von 70 bis $80\,^0/_0$ gelangen. Es handelt sich nun, wohlverstanden, hier stets um den Zustand der Abluft dicht hinter dem Trockner bzw. über dem Trockengut, also an Orten, wo eine Abkühlung durch äußere Einflüsse noch nicht stark in Erscheinung tritt.

Im folgenden bezeichnen:

t_a die Temperatur der Außenluft in ^{0} C,

t_n die Temperatur der Abluft in ^{0} C,

d_a den Wassergehalt der Außenluft, bezogen auf ein Kilogramm des trockenen Teiles derselben (in kg),

d_n den Wassergehalt der Abluft, bezogen auf ein Kilogramm des trockenen Teiles derselben (in kg),

l das Gewicht des trockenen Anteils der zur Verdampfung von 1 kg Wasser nötigen Luftmenge (in kg),

L das Gewicht des trockenen Anteils der zur Verdampfung einer beliebigen Wassermenge W (kg) nötigen Luftmenge (in kg),

x_a den Sättigungsgrad der Außenluft,

x_n den Sättigungsgrad der Abluft,

$q_{d(a)}$ den Teildruck des Dampfes in der Außenluft (mm Hg),

$q_{d(n)}$ den Teildruck des Dampfes in der Abluft (mm Hg),

$q_{s(a)}$ den Sättigungsdruck des Dampfes bei $t_a{}^0$ (mm Hg),

$q_{s(n)}$ den Sättigungsdruck des Dampfes bei $t_n{}^0$ (mm Hg),

$\gamma_{d(a)}$ das spezifische Gewicht des Dampfes in der Außenluft,

$\gamma_{d(n)}$ das spezifische Gewicht des Dampfes in der Abluft,

$\gamma_{s(a)}$ das spezifische Gewicht von Sattdampf bei $t_a{}^0$,

$\gamma_{s(n)}$ das spezifische Gewicht von Sattdampf bei $t_n{}^0$,

$\gamma_{l(a)}$ das spezifische Gewicht des trockenen Teiles der Außenluft,

$\gamma_{l(n)}$ das spezifische Gewicht des trockenen Teiles der Abluft,

l_f das Gewicht der feuchten Abluft, welches sich für 1 kg Wasserverdampfung ergibt (in kg),

L_f das Gewicht der feuchten Abluft, welches sich für die Verdampfung einer beliebigen Wassermenge W (kg) ergibt (in kg).

Beim Eintritt in den Trockner besitzt die Luft offenbar den Wassergehalt d_a, folglich wird 1 kg des trockenen Teiles nur noch $d_n - d_a$ Feuchtigkeit aufnehmen können. Zur Aufnahme von 1 kg Wasser sind darum erforderlich:

$$l = \frac{1}{d_n - d_a} \text{ kg trockene Luft/1 kg Wasserverdunstung} \quad . \quad . \quad (19)$$

Zur Verdampfung von W kg Feuchtigkeit braucht man folglich:

$$L = \frac{W}{d_n - d_a} \text{ kg trockene Luft/W kg Wasserverdunstung} \quad . \quad (19\,\text{a})$$

Das wirkliche Abluftgewicht für 1 kg Wasserverdampfung ergibt die Beziehung:

$$l_f = l + l \cdot d_a + 1 = l(1 + d_a) + 1 \text{ kg,} \quad . \quad . \quad . \quad . \quad (19\,\text{b})$$

und entsprechend der Feuchtigkeitsaufnahme W erhalten wir:

$$\boldsymbol{L_f = L\,(1 + d_a) + W \text{ kg}} \quad . \quad . \quad . \quad . \quad . \quad (19\,\text{c})$$

Da der Wassergehalt d bei Lufttemperaturen über 100^0 C nicht weiter zunimmt (vgl. I, g), so sind auch Ablufttemperaturen über 100^0 C unvorteilhaft, weil sie keineswegs die zur Aufnahme eines gewissen Wassergewichtes nötige Luftmenge herabsetzen, sondern lediglich unnötige Wärmeverluste herbeiführen.

Die Werte d_a und d_n können aus den bereits bekannten allgemeinen Formeln des Abschnittes I berechnet werden.

Gemäß Gleichung 3a ist

$$q_{d(a)} = x_a \cdot q_{s(a)}; \quad q_{d(n)} = x_n \cdot q_{s(n)}.$$

Nach Gl. 5a erhalten wir:

$$\gamma_{l(a)} = 1{,}293 \frac{q - q_{d(a)}}{760} \cdot \frac{273}{273 + t_a}$$

$$\gamma_{l(n)} = 1{,}293 \frac{q - q_{d(n)}}{760} \cdot \frac{273}{273 + t}.$$

Ferner werden analog Gl. 9a:

$$d_a = \frac{\gamma_{d(a)}}{\gamma_{l(a)}} \quad \text{und} \quad d_n = \frac{\gamma_{d(n)}}{\gamma_{l(n)}};$$

hierin sind nach Gl. 1

$$\gamma_{d(a)} = x_a \cdot \gamma_{s(a)} \quad \text{und} \quad \gamma_{d(n)} = x_n\,\gamma_{s(n)}.$$

Die Dampftabelle III enthält die den Temperaturen t_a bzw. t_n entsprechenden Werte für $q_{s(a)}$, $q_{s(n)}$, $\gamma_{s(a)}$ und $\gamma_{s(n)}$.

In Tabelle I ist eine große Anzahl der Zahlenwerte für d zusammengestellt worden, so daß die Ermittlung der Luftmengen auf einfache Weise erfolgen kann.

Bei der Berechnung der Trockenluftmengen nimmt man gewöhnlich, um sicher zu gehen, die Außenluft als vollkommen gesättigt an $(x_a = 1)$, ferner wird hierbei der Barometerstand mit $q = 760$ mm Hg eingesetzt. Bei Leistungsversuchen an vorhandenen Trocknern ist jedoch die wirkliche relative Feuchtigkeit der Frischluft genau zu bestimmen (vgl. Abschnitt III), und auch der herrschende Luftdruck in Betracht zu ziehen.

Da der trockene Anteil der Luft bei den verschiedenen Zustandsänderungen während des Trocknungsprozesses sein Gewicht unverändert beibehält, d_a bzw. d_n sich daher auf einen konstanten Wert beziehen, so wird die Bestimmung von l bzw. L wesentlich einfacher, als wenn man vom absoluten Wassergehalt für ein Kubikmeter Luft ausgehen würde. Im letzteren Falle wäre stets eine zeitraubende Umrechnung des Wassergehaltes für 1 cbm der Außenluft von $t_a{}^0$ auf das Volumen der Abluft von $t_n{}^0$ vorzunehmen; außerdem gäbe es hierbei keine praktische Möglichkeit, die Rechnung durch Tabellen zu erleichtern.

Beispiel 16.

Die Außenluft trete mit 15^0 C und vollkommen gesättigt $(x_a = 1)$ in den Lufterhitzer, die Abluft verlasse den Trockner mit 35^0 C und $50^0/_0$ relativer Feuchtigkeit $(x_n = 0,5)$. Wieviel Kilogramm wiegt der trockene Teil (l) der Abluftmenge, welche zur Aufnahme von 1 kg Wasser erforderlich ist, und wie groß ist das wirkliche Gewicht der feuchten Luft l_f, wenn der Gesamtdruck vor wie nach der Erwärmung $q = 760$ mm Hg beträgt.

Nach Tabelle I (Anhang), Spalte 4, ist für $t_a = 15^0$ und $x_a = 1$:

$$d_a = 0,010\,647 \text{ kg},$$

ferner nach Spalte 31 für $t_n = 35^0$ und $x_n = 0,5$:

$$d_n = 0,017\,789 \text{ kg}.$$

Gemäß Gl. 19 wird:

$$l = \frac{1}{0,017\,789 - 0,010\,647} = 140 \text{ kg}$$

und nach Gl. 19b:

$$l_f = 140\,(1 + 0,010\,647) + 1 = 142,5 \text{ kg}.$$

h) Erforderliche Leistung des Ventilators und sein Kraftverbrauch.

Wir haben im vorigen Absatz (g) die Bestimmung des Luftgewichtes kennen gelernt, welches zwecks Verdampfung einer gewissen Wassermenge durch den Trockner geführt werden muß. Die Bewegung dieser Luft geschieht nun fast ausschließlich durch Niederdruckventilatoren, indem entweder die Abluft abgesaugt wird, oder die Heißluft hinter dem Lufterhitzer in den Ventilator tritt, der sie alsdann durch den Trockner bläst.

Seltener findet man die Anordnung des Ventilators vor dem Lufterhitzer, wobei die Außenluft angesaugt und sowohl durch den Erhitzer als auch durch den Trockner gedrückt wird.

Durch Kenntnis des Luftgewichtes gelangen wir nun leicht zur Ermittlung des für die Ventilatorgröße maßgebenden Luftvolumens. Wir müssen hierzu die Wasserverdampfung in der Zeiteinheit zugrunde legen und nehmen an, die Luftmengen l und l_f bzw. L und L_f seien in einer Stunde durch den Trockner zu führen.

Es bedeute:

V_a (cbm) das Volumen der Außenluft bei t_a^0, welches für eine stündliche Verdampfung von 1 kg Wasser erforderlich ist,

V_a' (cbm) das Volumen der Außenluft bei t_a^0, welches für eine stündliche Verdampfung von W kg Wasser erforderlich ist,

V_n (cbm) das Volumen der Abluft, dicht hinter dem Trockner gemessen, bei t_n^0 und für 1 kg Wasserverdampfung/Std.,

V_n' (cbm) das Volumen der Abluft, dicht hinter dem Trockner gemessen, bei t_n^0 und für W kg Wasserverdampfung/Std.,

V_h (cbm) das Volumen der Heißluft, dicht hinter dem Lufterhitzer gemessen, bei t_h^0 und für 1 kg Wasserverdampfung/Std.,

V_h' (cbm) das Volumen der Heißluft, dicht hinter dem Lufterhitzer gemessen, bei t_h^0 und für W kg Wasserverdampfung/Std.,

$V_{n_{(e)}}$ (cbm) das Volumen der Abluft, dicht vor dem Ventilator gemessen, bei $t_{n_{(e)}}^0$ und für 1 kg Wasserverdampfung/Std.,

$V'_{n_{(e)}}$ (cbm) das Volumen der Abluft, dicht vor dem Ventilator gemessen, bei $t_{n_{(e)}}^0$ und für W kg Wasserverdampfung/Std.

t_h (^{0} C) die Temperatur der Heißluft beim Verlassen des Lufterhitzers,

$t_{n_{(e)}}$ (^{0} C) die Temperatur der Abluft dicht vor dem Ventilator.

Mit Benutzung der aus Absatz „g" bekannten Bezeichnungen erhalten wir:

$$V_a = \frac{l}{\gamma_{l_{(a)}}} \quad \text{cbm Luft für 1 kg Wasserverdampfung}$$

$$\text{und Stunde} \quad \ldots \ldots \ldots \ldots \quad (20)$$

$$V_a' = \frac{L}{\gamma_{l_{(a)}}} \quad \text{cbm Luft für W kg Wasserverdampfung}$$

$$\text{und Stunde} \quad \ldots \ldots \ldots \ldots \quad (20\,\text{a})$$

$$V_n = \frac{l}{\gamma_{l_{(n)}}} \quad \text{cbm Luft für 1 kg Wasserverdampfung}$$

$$\text{und Stunde} \quad \ldots \ldots \ldots \ldots \quad (21)$$

$$V_n' = \frac{L}{\gamma_{l_{(n)}}} \quad \text{cbm Luft für W kg Wasserverdampfung}$$

$$\text{und Stunde} \quad \ldots \ldots \ldots \ldots \quad (21\,\text{a})$$

Die Werte $\gamma_{l_{(a)}}$ und $\gamma_{l_{(n)}}$ können entweder der Tabelle I entnommen oder nach Gl. 5 bzw. 5a berechnet werden.

Da das Volumen der feuchten Luft mit dem Gesamtdruck q das gleiche ist wie das Volumen des trockenen Teiles mit dem Teildruck q_l, so kommt man zu denselben Resultaten, wenn man von l_f bzw. L_f ausgeht und das spezifische Gewicht γ_f (s. Gl. 6 und 6a) zu Hilfe nimmt. Es wird dann:

$$V_a = \frac{l_f}{\gamma_{f(a)}}; \quad V_a' = \frac{L_f}{\gamma_{f(a)}}; \quad V_n = \frac{l_f}{\gamma_{f(n)}} \quad \text{und} \quad V_n' = \frac{L_f}{\gamma_{f(n)}}.$$

Naturgemäß ist die Bestimmung der Volumina aus den Gl. 20÷21a vorzuziehen, da Tabellenwerte die Rechnung erleichtern.

Die Heißluftvolumina V_h bzw. V_h' werden am einfachsten aus V_a gewonnen. Die Temperaturerhöhung von t_a auf t_h erfolgt unter konstantem Drucke; folglich wird die Volumenänderung im Verhältnis der absoluten Temperaturen stattfinden. Es ist:

$$V_h = V_a \frac{273 + t_h}{273 + t_a} \quad \text{cbm Luft für 1 kg Wasserdampf}$$

$$\text{und Stunde} \quad \ldots \ldots \ldots \ldots \quad (22)$$

und

$$V_h' = V_a' \frac{273 + t_h}{273 + t_a} \quad \text{cbm Luft für W kg Wasser-}$$

$$\text{verdampfung und Stunde} \quad \ldots \ldots \quad (22\,\text{a})$$

Will man der Abkühlung der Luft auf dem Wege zum Exhaustor (saugenden Ventilator) Rechnung tragen, so erhält man für die Leistung desselben

$$V_{n_{(e)}} = V_n \frac{273 + t_{n_{(e)}}}{273 + t_n} \text{ cbm Luft für 1 kg Wasser-}$$

$$\text{verdampfung und Stunde} \quad \ldots \ldots (23)$$

und

$$V'_{n_{(e)}} = V'_n \frac{273 + t_{n_{(e)}}}{273 + t_n} \text{ cbm Luft für W kg Wasser-}$$

$$\text{verdampfung und Stunde} \quad \ldots (23\,\text{a})$$

Da der Unterschied zwischen $V_{n_{(e)}}$ und V_n meistens sehr gering sein wird, so ist es ratsam, den Exhaustor nach V_n zu bemessen, worin dann eine gewisse Sicherheit liegt.

Die Arbeitsenergie, welche zur Förderung einer gewissen Luftmenge verbraucht wird, ist theoretisch:

$$A = V_m \cdot h \text{ mkg/sec} \text{[1])}.$$

Hierin bedeuten V_m das sogen. mittlere Luftvolumen in cbm/sec, welches vom Ventilator bewegt wird und h den Unterschied der sog. Gesamtdrücke an Saug- und Druckseite in mm WS (Wassersäule), oder, was dasselbe ist, in kg/qm.

Wir werden uns mit diesen Größen im Abschnitt IV noch näher zu beschäftigen haben. Hier sei nur erwähnt, daß V_m sehr angenähert $= \dfrac{V'_n}{3600}$ cbm/sec ist, falls die Luft abgesaugt wird, und $= \dfrac{V'_h}{3600}$ cbm/sec, wenn der Ventilator sie durch den Trockner drücken muß und er hinter dem Lufterhitzer angeordnet ist. Es folgt hieraus, daß der Kraftverbrauch im letzteren Falle größer ausfällt als im ersteren, denn es ist dieser abhängig vom Volumen, nicht vom Gewicht der zu bewegenden Luftmengen. Bedeutet η den mechanischen Wirkungsgrad des Ventilators, so erhält man den Kraftbedarf in PS aus

$$N = \frac{V_m \cdot h}{75 \cdot \eta} \text{ PS}.$$

η schwankt zwischen 0,3 und 0,8 und kann nur vom Lieferanten der Maschine angegeben werden, wenn Leistung in cbm, Tourenzahl und Druckunterschied h festliegen.

In welcher Weise dieser letztere im voraus bestimmt werden kann, soll im nachfolgenden Absatz erläutert werden.

---

[1]) Vgl. A. v. Ihering, Gebläse, 3. Aufl., S. 671/72 (Verlag von Julius Springer, Berlin); desgl. Abschn. IV d. vor. Arbeit.

Beispiel 17.

Es möge die zur Verdunstung von 1 kg Wasser erforderliche Luftmenge $l = 140$ kg ermittelt worden sein (vgl. Beispiel 16). Welches Luftvolumen hat der Ventilator zu leisten, falls stündlich 50 kg Wasser zu verdampfen sind:

1. Wenn ein Exhaustor die Luft durch den Trockner saugt und diese mit $t_n = 35^0$ und $^1/_2$ gesättigt austritt,
2. wenn die Luft hinter dem Erhitzer mit $t_h = 110^0$ in den Ventilator tritt und durch den Trockner gedrückt wird.

Wie groß ist ferner der Kraftverbrauch in beiden Fällen bei $\eta = 0,5$ und $h = 80$ mm WS?

Die Temperatur der Außenluft sei $t_a = 15^0$, der Sättigungsgrad $x_a = 1$ und der Luftdruck $q = 760$ mm Hg.

Es sind in der Stunde zu fördern:

$$L = 50 \cdot 140 = 7000 \text{ kg trockene Luft.}$$

Nach Tabelle I, Spalte 33 ist für $t_n = 35^0$, $x = 0,5$:

$$\gamma_{l_{(n)}} = 1,113 \text{ kg/cbm}$$

nach Gl. 21a folgt:

$$V_n' = \frac{7000}{1,113} \simeq 6300 \text{ cbm/std.}$$

Aus Tabelle I, Spalte 6 erhalten wir für $t_a = 15^0$ und $x_a = 1$:

$$\gamma_{l_{(a)}} = 1,205 \text{ kg/cbm};$$

somit wird nach Gl. 20a:

$$V_a' = \frac{7000}{1,205} \simeq 5800 \text{ cbm/std.}$$

Nunmehr ergibt Gl. 22a

$$V_h' = 5800 \frac{273 + 110}{273 + 15} \simeq 7700 \text{ cbm/std.}$$

Der Kraftbedarf ist bei Anwendung von Saugluft:

$$N = \frac{V_n' \cdot h}{3600 \cdot 75 \cdot \eta} = \frac{6300 \cdot 80}{3600 \cdot 75 \cdot 0,5} \simeq 3,72 \text{ PS,}$$

und bei Anwendung von Druckluft:

$$N = \frac{V_h' \cdot h}{3600 \cdot 75 \cdot \eta} = \frac{7700 \cdot 80}{3600 \cdot 75 \cdot 0,5} = 4,55 \text{ PS.}$$

Der Mehrverbrauch an Kraft beträgt danach im letzteren Falle:

$$\frac{4,55 - 3,72}{3,72} \cdot 100 \simeq 22^0/_0.$$

i) Berechnung der Luftwiderstände.

Zur Ermittlung des Druckes, welcher die Bewegung der Luft mit einer bestimmten Geschwindigkeit bewirkt, müssen wir auf die bekannte Ausflußformel der Hydraulik

$$h_d = \frac{v^2}{2g}\,\mathrm{m} \quad (1)$$

zurückgreifen. Hierin bedeuten

h_d die Höhe einer Wassersäule in m,

v die Geschwindigkeit in m/sec, mit welcher die Flüssigkeit aus einer h m über dem Wasserspiegel liegenden Öffnung tritt,

g die Erdbeschleunigung (9,81 m/sec²).

Die Druckhöhe h_d kann nun durch eine Luftsäule ersetzt werden, welche im Verhältnis der spezifischen Gewichte von Wasser und Luft größer gedacht werden muß. Die Gl. 1 lautet dann

$$\frac{1000}{1,293}\,h_d = \frac{v^2}{2g} \quad (2),$$

worin h_d nach wie vor eine Wassersäule in m darstellt, der Wert 1000 (kg/cbm) das spezifische Gewicht des Wassers und 1,293 (kg/cbm) das spezifische Gewicht der Luft für $t = 0^0$ und 760 mm Hg bedeuten. Aus (2) folgt

$$h_d = \frac{1,293}{1000}\cdot\frac{v^2}{2g}\,\mathrm{m\,WS}{}^{[1]}\ (3).$$

Will man nun, wie für niedrige Drücke allgemein üblich, die Geschwindigkeitshöhe in mm WS ausdrücken, so hat man lediglich die rechte Seite der Gl. 3 mit 1000 zu multiplizieren und erhält

$$h_d = 1,293\,\frac{v^2}{2g}\,\mathrm{mm\,WS} \ \ldots \ldots \ldots (24)$$

Die vorstehende Beziehung gilt nur für trockene Luft von 0^0 und den atmosphärischen Druck $q = 760$ mm Hg. Sie nimmt für Luft von t^0 und einen beliebigen Druck q die Form an

$$h_d = \gamma_l\,\frac{v^2}{2g}\,\mathrm{mm\,WS}, \ \ldots \ldots \ldots (24a)$$

worin γ_l das spezifische Gewicht der Luft bei t^0 C und q mm Hg bedeutet.

Die Gl. 24 und 24a geben uns also die Druckhöhe, welche erforderlich ist, um die Luft mit der Geschwindigkeit v durch eine gegebene Öffnung zu befördern.

---

[1] Wassersäule.

Es kommt hier stets derjenige Querschnitt in Betracht, durch welchen das gesamte Abluftvolumen ins Freie tritt. Der Wert $\gamma_l \dfrac{v^2}{2g}$ (mm WS $=$ kg/m^2) ist somit als der den Energieverlust der ausströmenden Luft bestimmende Druck anzusehen.

Der Ventilator hat nun ferner denjenigen Druckunterschied[1]) zwischen Saug- und Druckseite zu erzeugen, welcher zur Überwindung der sog. „Bewegungswiderstände" dient.

Die letzteren zerlegen wir in zwei Gruppen[2]):

 1. Widerstände, für welche ein bestimmter Querschnitt für den Durchgang der Luft nicht angegeben werden kann. Sie werden hervorgerufen durch: Staubkammern, Druckfilter und Zyklone, in welche der Exhaustor ausbläst, ferner auch durch das Trockengut selber. Wir bezeichnen die zu ihrer Überwindung nötigen Druckhöhen mit

$$\Sigma h_f = h_{f(1)} + h_{f(2)} + \ldots + h_{f(x)}.$$

 2. Widerstände, welche durch die Reibung der bewegten Luft an den Wandungen der Rohrleitungen bzw. Kanäle entstehen. Ihr Zeichen sei „R". Hierzu kommen die Einzelwiderstände, hervorgerufen durch Richtungs- und Querschnittsänderungen, Hindernisse in Form von Schiebern, Klappen, Lufterhitzer, Funkenfänger usw. Wir nennen sie „ζ".

Zur Berechnung der Druckhöhe, welche ein Filter verbraucht, benutzen wir die Formel der „Hütte", 22. Aufl., Bd. III, S. 400:

$$h_f = \frac{m V_t}{F} \cdot \gamma_l \text{[3])} \quad \text{mm WS} \ldots \ldots \ldots (25)$$

Hierin bedeuten:

h_f den Druckhöhenverlust in mm WS,
V_t Luftmenge in cbm/std bei der Temperatur t^0 C,
γ_l spezifisches Gewicht der Luft bei t^0,
F Filterfläche in qm,
m einen Koeffizienten und zwar (bei mittlerer Verstaubung) für gerauhten Barchent $= 0{,}024$ bis $0{,}03$; für gewöhnliches Nesseltuch $0{,}0015$ bis $0{,}002$.

Für den Druckhöhenverlust bei Verwendung von Staubkammern und Zyklonen fehlen zuverlässige Versuchsresultate. Man ist auf

---

[1]) Siehe Abschnitt IV.

[2]) Vgl. auch: Leitfaden z. Berechnen und Entwerfen von Lüftungs- und Heizungsanlagen, 5. Aufl., S. 85 usw. (Verlag von Julius Springer, Berlin).

[3]) Es sind andere Bezeichnungen gewählt worden als in der „Hütte".

Schätzung angewiesen und wird den wirklichen Verhältnissen nahe-Sommen, wenn bei ausreichender Größe dieser Staubfänger mit $h_f = 3$ bis 7 mm WS gerechnet wird. Der Druckhöhenverlust durch das Trockengut kann gleichfalls aus Formel 25 berechnet werden, wenn F als die gesamte, der Einwirkung der Heißluft ausgesetzte Fläche angesehen wird. Für eine Getreideschicht von 100 mm Dicke ist m_1 etwa $= 0,01$ zu setzen, für 200 mm $= 0,02$ usw. Hierzu tritt noch der Koeffizient m_2 für das gelochte Blech usw., auf welchem das Getreide ruht, oder zwischen dem es als „Säule" sich bewegt. Als Mittelwert kann $m_2 \simeq 0,003$ betrachtet werden. Durchstreicht die Luft also zwei perforierte Wände hintereinander, so wird $m_2 = 2 \cdot 0,003 = 0,006$. Der Gesamtwert ist

$$m_G = m_1 + m_2.$$

Für 100 mm Getreidesäule und zwei perforierte Blechwände erhält man z. B.

$$m_G = 0,01 + 2 \cdot 0,003 = 0,016.$$

Zur Bestimmung der Reibungswiderstände gibt der „Leitfaden" folgende Beziehungen:

α) für runden oder quadratischen Querschnitt:

$$R = \frac{4 \varrho l}{d} \quad \ldots \ldots \ldots \ldots \quad (26)$$

β) für rechteckigen Querschnitt

$$R = \frac{2 \varrho l (a + b)}{a \cdot b}. \quad \ldots \ldots \ldots \quad (26\,\text{a})$$

Hierin bezeichnen:

ϱ die Reibungszahl

l die gesamte Länge in m

d den Durchmesser oder bei quadratischen Querschnitten die Seitenlänge in m

a und b die Seiten in m bei rechteckigem Querschnitt

$\left.\right\}$ des Kanals bzw. des Rohres.

Für sauber gemauerte Kanäle bis herab zu 50 cm Umfang ist die Reibungszahl:

$$\varrho = 0,0065 + \frac{0,0604}{u - 48}, \quad \ldots \ldots \ldots \quad (27)$$

für metallene Rohrleitungen ist

$$\varrho = 0,00309 + \frac{0,00209}{v} + \frac{0,00037}{u} + \frac{0,000878}{u \cdot v}, \quad . \quad (27\,\text{a})$$

worin u den Umfang des Kanalquerschnittes für gemauerte Kanäle in cm, für metallene Rohrleitungen in m, und v die Geschwindigkeit der Luft in m/sec bedeuten. Die Tabelle 10b des „Leitfadens" enthält Werte von ϱ für metallene Leitungen. Als Mittelwert für Durchmesser von 0,3 bis 0,8 m und Geschwindigkeiten von 10 bis 20 m kann $\varrho = 0{,}0035$ angenommen werden. Als Einzelwiderstände gibt der Leitfaden die nachstehenden Werte von ζ:

1. Gemauerte Kanäle:

Bei Richtungsänderungen wird für

ein rechtwinkliges, scharfes Knie . . . $\zeta = 1{,}5$

„   „   abgerundetes Knie . $\zeta = 1{,}0$

„   Knie von 135^0 . . . . $\zeta = 0{,}6$

langsam überführte Richtungsänderungen $\zeta = 0$.

2. Metallene Rohrleitungen:

Bei Richtungsänderungen wird für ein rechtwinkliges, scharfes Knie und bei

     a) rundem oder quadratischem Querschnitt $\zeta = 1{,}1$

     b) rechteckigem Querschnitt, wenn

         α) Ablenkung um die Breitseite (b) erfolgt (Fig. 2) . . . . $\zeta = 1{,}1$

         β) Ablenkung um die Schmalseite (a)

         erfolgt (Fig. 3) . . . . $\zeta = 1{,}1 + \dfrac{b-a}{2}$.

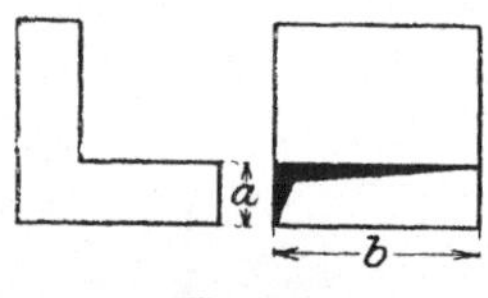

Fig. 2.

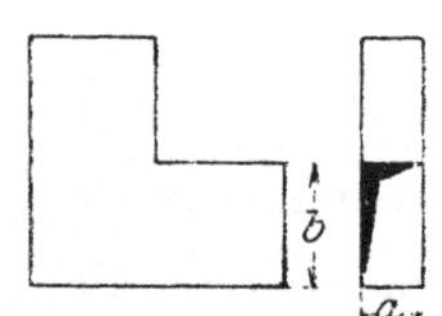

Fig. 3.

Handelt es sich um zwei rechtwinklige Knie, die in der Entfernung e voneinander liegen (Fig. 4 und 5), so ist den unter α und β mitgeteilten Werten von ζ noch ein Zuschlag zu geben von

$80^0/_0$, wenn $e \leqq 3\,a$,

$50^0/_0$, wenn $e > 3\,a$ bis $5\,a$,

$30^0/_0$, wenn $e > 5\,a$ bis $8\,a$,

$0^0/_0$, wenn $e > 8\,a$.

Die Widerstände der in Fig. 6, 7, 8 und 9 dargestellten Bogenstücke sind wie folgt anzusetzen:

Bei scharfer Ablenkung unter einem Winkel von 135^0
(Fig. 6) . . . . $\zeta = 0,3$
bei einem rechtwinkligen Bogen (runder oder recht-
eckiger Querschnitt (Fig. 7)

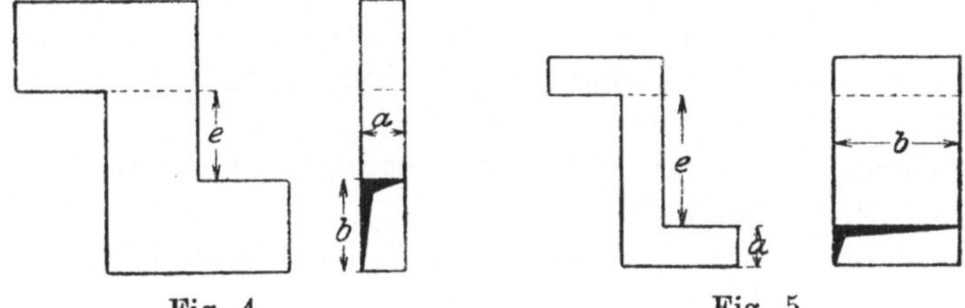

Fig. 4. Fig. 5.

$$\text{a)} \quad r = s \quad . . . . . . \quad \zeta = 0,25$$
$$\text{b)} \quad r > s \quad \text{bis} \quad r = 2\,s \quad \zeta = 0,20$$
$$\text{c)} \quad r > 2\,s \quad \text{bis} \quad r = 4\,s \quad \zeta = 0,15$$
$$\text{d)} \quad r > 4\,s \quad \text{bis} \quad r = 5\,s \quad \zeta = 0,12$$
$$\text{e)} \quad r > 5\,s \quad \text{bis} \quad r = 6\,s \quad \zeta = 0,07$$
$$\text{f)} \quad r > 6\,s \quad . . . . . \quad \zeta = 0,0$$

bei einer Bogenablenkung nach Fig. 8 $(r \leqq 2\,s)$ . . $\zeta = 0,15$
bei einem Ausbiegestück nach Fig. 9

$$\text{a)} \quad r \leqq 3\,s \quad . . . . . . \quad \zeta = 0,4$$
$$\text{b)} \quad r > 3\,s \quad \text{bis} \quad r = 8\,s \quad \zeta = 0,25$$
$$\text{c)} \quad r > 8\,s \quad \text{bis} \quad r = 12\,s \quad \zeta = 0,1$$
$$\text{d)} \quad r > 12\,s \quad . . . . . . \quad \zeta = 0 \,.$$

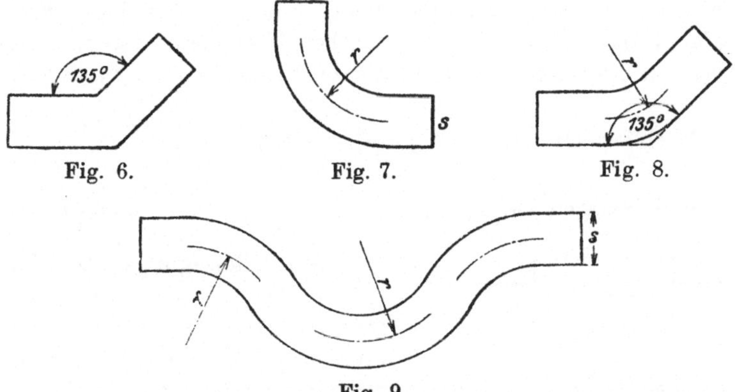

Fig. 6. Fig. 7. Fig. 8.

Fig. 9.

3. **Als gemauerten und metallenen Leitungen gemein-
schaftlich gelten die folgenden Einzelwiderstände:**

für eine geöffnete Klappe oder einen geöffneten Schieber,
     sofern der Rahmen mit der Wandung abschneidet . $\zeta = 0$
für ein Gitter, dessen freier Querschnitt gleich dem Leitungs-
     querschnitt ist,
         sofern das Verhältnis der freien zur totalen
           Gitterfläche 0,5 beträgt . . . . $\zeta = 1,5$
       sofern das Verhältnis der freien zur totalen
           Gitterfläche 0,2 beträgt . . . . $\zeta = 2$
für ein Gitter, dessen freier Querschnitt das $1\frac{1}{2}$fache des
     Leitungsquerschnittes ist,
         sofern das Verhältnis der freien zur totalen
           Gitterfläche 0,5 beträgt . . . . $\zeta = 0,75$
       sofern das Verhältnis der freien zur totalen
           Gitterfläche 0,2 beträgt . . . . $\zeta = 1,0$
für ein weitmaschiges Drahtgitter . . . . $\zeta = 0,0$
für ein Gitter aus Drahtgaze, dessen freier Querschnitt
     $1\frac{1}{2}$mal so groß als der Querschnitt der Leitung ist
     und bei dem das Verhältnis der freien zur totalen
     Gitterfläche nicht unter 0,6 beträgt . . . . $\zeta = 0,3$
für ein Gitter aus Drahtgaze, dessen freier Querschnitt gleich
     dem Leitungsquerschnitt ist und bei dem das Verhält-
     nis der freien zur totalen Gitterfläche nicht unter
     0,6 beträgt . . . . $\zeta = 0,6$.

4. Querschnittsänderungen.

(Für gemauerte und metallene Leitungen gültig.)

Kleinere, allmählich verlaufende Querschnittsänderungen können vernachlässigt werden. Für plötzliche, größere (z. B. beim Eintritt der Luft in das Innere des eigentlichen Trockners, das nicht groß genug ist, um die Geschwindigkeit der Luft daselbst $= 0$ zu setzen), ist

bezogen auf v . . . . $\zeta = \left(\dfrac{f}{f_1} - 1\right)^2$

und bezogen auf v_1 . . . . $\zeta = \left(1 - \dfrac{f_1}{f}\right)^2$.

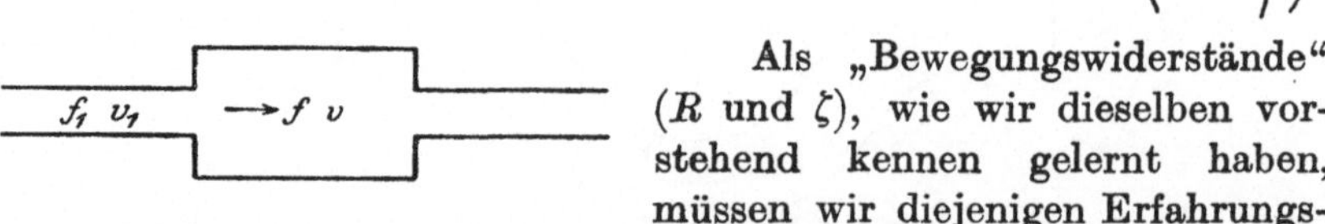

Als „Bewegungswiderstände" (R und ζ), wie wir dieselben vorstehend kennen gelernt haben, müssen wir diejenigen Erfahrungswerte ansehen, welche, mit den Geschwindigkeitshöhen für diejenigen Querschnitte, auf die sich die letzteren beziehen, multipliziert, die zur Überwindung jener Widerstände erforderlichen Druckhöhen ergeben.

Bedeutet v_1 die Geschwindigkeit an einem Querschnitte, für welchen z. B. R_1 berechnet wurde, so ist analog Gl. 24a die Geschwindigkeitshöhe

$$h_{d_{(R_1)}} = \gamma_l \frac{v_1^2}{2\,g} \ \text{mm WS} \ \ \dotfill \ (28)$$

und die Druckhöhe, welche R_1 überwindet:

$$h_{(R_1)} = h_{d_{(R_1)}} \cdot R_1 = \gamma_l \frac{v_1^2}{2\,g} R_1 \ \text{mm WS}. \ \dotfill \ (29)$$

Auf dieselbe Weise gelangen wir zu der Druckhöhe, welche zur Überwindung eines Einzelwiderstandes dient. Es ist:

$$h_{w_1} = \gamma_l \frac{v_1^2}{2\,g} \cdot \zeta_1 \ \text{mm WS}, \ \dotfill \ (30)$$

worin v_1 wieder die Geschwindigkeit an dem Hindernis bedeutet, dessen Widerstand $= \zeta_1$ ist. Treten mehrere Einzelwiderstände hintereinander auf, für welche alle die Geschwindigkeit v_1 gilt, so folgt als Gesamtdruckhöhe

$$h_w = \gamma_l \frac{v_1^2}{2\,g} \left(\zeta_1 + \zeta_1' + \zeta_1'' + \cdots \zeta_1^{n'}\right) \dotfill \ (31)$$

Treten Reibungs- und Einzelwiderstände zusammen auf, so folgt für eine bestimmte Geschwindigkeit v_1, welche sowohl die einen wie die andern hervorbringt, die Druckhöhe:

$$h_{W_{(1)}} = \gamma_l \frac{v_1^2}{2\,g} \left(R_1 + \Sigma\,\zeta_1\right). \ \dotfill \ (32)$$

Bezieht sich $h_{W_{(1)}}$ nicht auf eine Strecke, durch welche das gesamte Luftvolumen V_t (cbm/std.) fließt, sondern auf Verästelungen oder Nebenstrecken, durch die nur die Teilvolumina $V_{t_{(1)}}$, $V_{t_{(2)}}$ usw. strömen, so hat man $h_{W_{(1)}}$, $h_{W_{(2)}}$ usw. für alle diese Zweigstrecken zu berechnen und gelangt dann zu dem mittleren Werte $h_{W_{(m)}}$, der für das Gesamtvolumen V_t gilt, durch die Beziehung:

$$V_t \cdot h_{W_{(m)}} = V_{t_{(1)}} \cdot h_{W_{(1)}} + V_{t_{(2)}} \cdot h_{W_{(2)}} + \cdots V_{t_{(n)}} \cdot h_{W_{(n)}}.$$

Hieraus folgt:

$$h_{W_{(m)}} = \frac{V_{t_{(1)}} \cdot h_{W_{(1)}} + V_{t_{(2)}} h_{W_{(2)}} + \cdots V_{t_{(n)}} h_{W_{(n)}}}{V_t} \ \text{mm WS}. \ (33)$$

Als Gesamtdruckhöhe, welche die Überwindung aller Bewegungswiderstände bewirkt und außerdem der Abluft die Geschwindigkeit v verleiht, erhalten wir schließlich:

$$h^1) = h_d + \Sigma\,h_f + \Sigma\,h_W \ \dotfill \ (34)$$

---

[1]) Vgl. Abschn. IV.

oder auch:

$$h^1) = h_d + \Sigma h_f + h_{W_{(m)}}. \quad \ldots \ldots \quad (34\,\text{a})$$

Dieser Wert ist gleich dem Gesamtdruckunterschied des Ventilators zu setzen und hiernach dessen Kraftverbrauch aus der bereits bekannten Formel

$$N = \frac{V_m \cdot h}{3600 \cdot 75 \cdot \eta} \, \text{PS}$$

zu ermitteln.

Beispiel 18.

Für den in Fig. 10 schematisch dargestellten Trockner ist angenommen worden, daß eine Luftmenge von $V_t = 30000$ cbm/Std. mit $t_h = 110^0$ eintritt, während die Abluft mit $t_n = 35^0$ die Trockenkammer verläßt. Ferner soll Getreide in einer 150 mm dicken Schicht auf den Darrfeldern ruhen und die Gesamtfläche der letzteren 80 qm betragen. Für welchen Gesamtdruck muß der Ventilator bei der in Fig. 10 veranschaulichten Ausführung der Anlage gewählt werden, und wie groß ist sein Kraftbedarf bei einer Außenlufttemperatur von $t_a = 15^0$ und einem mechanischen Wirkungsgrad $\eta = 0,5$?

1. Druckhöhe zur Erzeugung der Austrittsgeschwindigkeit v.

Die Abluft tritt mit der Geschwindigkeit $v = 13,3$ m/sec ins Freie. Entsprechend der Temperatur $t_a = 35^0$ ist ihr spezifisches Gewicht (ohne Rücksicht auf den herrschenden Feuchtigkeitsgehalt und Barometerstand):

$$\gamma_l = 1,293 \, \frac{273}{273 + 35} \simeq 1,15 \, \text{kg/cbm}.$$

Zur Erlangung der oben genannten Geschwindigkeit hat somit der Ventilator die Druckhöhe (s. Gl. 24a)

$$h_d = 1,15 \, \frac{13,3^2}{2\,g} \simeq 10,7 \, \text{mm WS}$$

zu erzeugen.

2. Σh_f.

Es sei angenommen, der Dampflufterhitzer verbrauche $h_{f_{(1)}} = 15$ mm WS. Der Druckverlust infolge der 150 mm dicken Getreideschicht ergibt sich aus Gl. 25:

$$h_{f_{(2)}} = \frac{m \cdot V_t}{F} \gamma_l.$$

---

[1]) Vgl. Abschn. IV.

Mit $m = 0,01 + 1,5 \cdot 0,003 = 0,0145$, $V_t = 30\,000$ cbm/std. $\gamma_l = 0,92$ (für 110^0) und $F = 80$ m erhalten wir:

$$h_{f(2)} = \frac{0,0145 \cdot 30\,000}{80} \cdot 0,92 \simeq 5 \text{ mm WS}.$$

3. Reibungswiderstände.

Für die Strecke „a" folgt mit Benutzung der Gl. 26 und für $\varrho = 0,0035$, $l = 11$ m und $d = 0,68$ m:

$$R_{(a)} = \frac{4\,\varrho\,l}{d} = \frac{4 \cdot 0,0035 \cdot 11}{0,68} \simeq 0,226.$$

Die Geschwindigkeitshöhe bei $v_1 = 13,8$ m und $\gamma_l = 0,92$ ist

$$h_{d(a)} = \gamma_l \frac{v_1^2}{2\,g} = 0,92 \frac{13,8^2}{2\,g} \simeq 9 \text{ mm WS}$$

und somit die Druckhöhe zur Überwindung des Reibungswiderstandes $R_{(a)}$ (s. Gl. 29):

$$h_{R_{(a)}} = R_{(a)} \cdot h_{d_{(a)}} = 0,226 \cdot 9 \simeq 2 \text{ mm WS}.$$

In gleicher Weise erhalten wir für die Teilstrecke „b"

$$R_{(b)} = \frac{4\,\varrho\,l}{d} = \frac{4 \cdot 0,0035 \cdot 9}{0,88} = 0,143$$

und

$$h_{d_{(b)}} = \gamma_l \frac{v_0^2}{2\,g} = 0,92 \frac{13,7^2}{2\,g} \simeq 9 \text{ mm WS},$$

somit wird

$$h_{R_{(b)}} = 0,143 \cdot 9 \simeq 1,3 \text{ mm WS}.$$

Mit genügender Genauigkeit können wir setzen:

$$\text{Für die Strecke } c : h_{R_{(c)}} = 2 \text{ mm WS}$$

und

$$\text{für die Strecke } d : h_{R_{(d)}} = 1,3 \text{ mm WS}.$$

4. Einzelwiderstände.

Für jeden der 5 Stutzen Nr. 1 bis 5 gilt

$$\zeta = 0,2$$

und

$$h_{d(v_1)} = 0,92 \frac{14^2}{2\,g} \simeq 9,2 \text{ mm WS}.$$

Die Druckhöhe zur Überwindung des Widerstandes ζ ist für jeden Stutzen:

$$h_{W_{(1)}} = h_{W_{(2)}} = h_{W_{(3)}} = h_{W_{(4)}} = h_{W_{(5)}} = 0,2 \cdot 9,2 = 1,84 \text{ mm WS}.$$

Durch 1 Stutzen tritt $^1/_5$ der gesamten Luftmenge, das sind $\dfrac{8,33}{5} \simeq 1,67\,\text{cbm/sec}$. Als mittlere Druckhöhe $h_{W_{(m)}}$ erhalten wir analog Gl. 33 $(R=0)$:

$$h_{W_{(m)}} = \frac{1,67\cdot 1,84 + 1,67\cdot 1,84 + 1,67\cdot 1,84 + 1,67\cdot 1,84 + 1,67\cdot 1,84}{8,33}$$
$$= 1,84\,\text{mm WS},$$

das ist also derselbe Wert, den wir bereits oben für einen einzelnen Stutzen gefunden haben. Da alle Stutzen dieselbe Beschaffenheit und den gleichen Querschnitt haben, so konnte die mittlere Druckhöhe nur den gleichen Wert annehmen wie die für den einzelnen Stutzen gültige. Es ist zu bemerken, daß es gleichgültig ist, ob die Luftvolumina in cbm/std., cbm/min. oder cbm/sek. in Gl. 33 eingesetzt werden. (Es ist ferner zu beachten, daß die Einzelwiderstände nur dann summiert werden, wenn die Hindernisse in derselben Leitungsstrecke hintereinander liegen. Dagegen ist bei Parallelstrecken lediglich die mittlere Druckhöhe aus Gl. 33 zu bestimmen.)

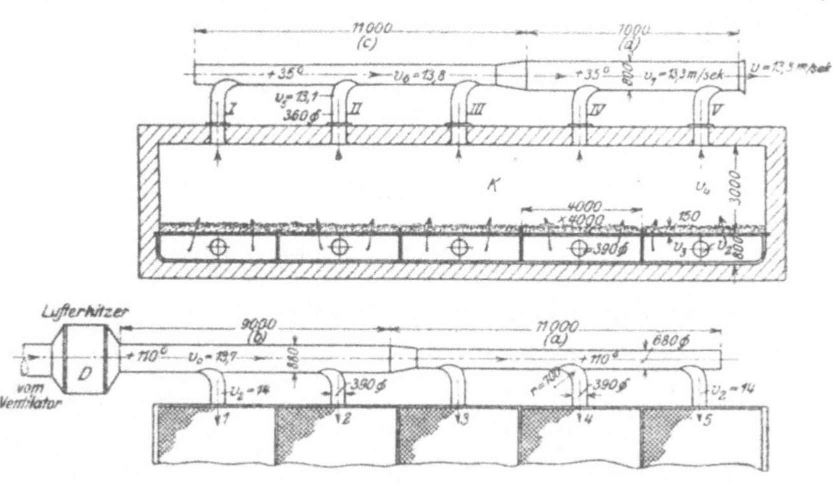

Fig. 10.

Der Druckverlust für die oberen 5 Stutzen I bis V kann nun ebenfalls zu

$$h_{W_{(m)}} = 1,84\,\text{mm WS}$$

angesetzt werden.

5. Querschnittsänderungen.

Die Heißluft tritt aus den Stutzen 1 bis 5 von 390 mm ϕ plötzlich in den erweiterten Querschnitt unter dem Trockengut, wo die

Geschwindigkeit von v_2 auf v_3 sinkt. Bedeuten f_2 den Querschnitt eines Stutzens, f_3 den Querschnitt des Raumes unter einem Felde, so folgt:

$$f_2 = \frac{0{,}39^2\,\pi}{4} = 0{,}1194 \text{ qm}$$

und

$$f_3 = 0{,}8 \cdot 4 = 3{,}2 \text{ qm}.$$

Nach Fall 4, Seite 46, haben wir ζ mit Bezug auf v_3 zu berechnen:

$$\zeta = \left(\frac{f_3}{f_2} - 1\right)^2 = \left(\frac{3{,}2}{0{,}1194} - 1\right)^2 \cong 680.$$

Die Geschwindigkeitshöhe für f_3 ist:

$$h_{d_{(3)}} = \gamma_l \frac{v_3^{\,2}}{2\,g}.$$

Hierin ist $\gamma_l = 0{,}92$ und $v_3 = \dfrac{1{,}67}{3{,}2} \cong 0{,}52 \text{ m/sec}$, so daß

$$h_{d_{(3)}} = 0{,}92 \frac{0{,}52^2}{2\,g} \cong 0{,}0126$$

wird.

Wir erhalten als Druckverlust:

$$h_{W_{(3)}} = h_{d_{(3)}} \cdot \zeta = 0{,}0126 \cdot 680 = 8{,}6 \text{ mm WS}.$$

Die Abluft gelangt aus der Kammer „K" in die 5 Stutzen Nr. I bis V, wodurch die Luftgeschwindigkeit plötzlich von v_4 auf v_5 anwächst. Bezeichnet f_4 den Horizontalquerschnitt der Kammer, f_5 den Querschnitt eines Stutzens, so folgt

$$f_4 = 20 \cdot 4 = 80 \text{ qm}$$

und

$$f_5 = \frac{0{,}35^2\,\pi}{4} = 0{,}0962 \text{ qm}.$$

Die Summe der 5 Stutzenabschnitte ist daher

$$f_5{}' = 5 \cdot 0{,}0962 = 0{,}4810 \text{ qm}.$$

Nach Fall 4, Seite 46, haben wir jetzt ζ mit Bezug auf die neue Geschwindigkeit v_5 zu berechnen und erhalten:

$$\zeta = \left(1 - \frac{f_5{}'}{f_4}\right)^2 = \left(1 - \frac{0{,}481}{80}\right)^2 = (1 - 0{,}006)^2 \cong 1.$$

Die Geschwindigkeitshöhe ist

$$h_{d_{(5)}} = \gamma_l \frac{v_5^{\,2}}{2\,g} = 1{,}15 \frac{13{,}1^2}{2\,g} \cong 10{,}0 \text{ mm WS}.$$

Die Druckhöhe, welche infolge der Querschnittsänderung verbraucht wird, hat die Größe

$$h_{W_{(5)}} = h_{d_{(5)}} \cdot \zeta = 10{,}0 \cdot 1 \simeq 10 \ \text{mm WS} \,.$$

Die 5 Stutzen Nr. 1 bis 5 bzw. Nr. I bis V sind hier wieder als Parallelstrecken zu betrachten, weshalb auch keine Addition von einzelnen Druckhöhen erfolgen darf.

Zusammenstellung.

1. Geschwindigkeitshöhe: h_d . . . . 10,70 mm WS
2. $\Sigma h_f = 15 + 5$ . . . . 20,00 „ „
3. Reibungswiderstände: $2 + 1{,}3 + 2 + 1{,}3$ 6,60 „ „
4. Einzelwiderstände: $\Sigma \zeta = 1{,}84 + 1{,}84$.   3,68 „ „
5. Querschnittsänderungen: $8{,}6 + 10$ . . . 18,60 „ „

Gesamtdruckhöhe $h = 59{,}58$ mm WS .

Die Luft tritt mit $t_a = 15^0$ in den Ventilator, ihr Stundenvolumen ist somit:

$$V_{t_{(a)}} = 30\,000 \cdot \frac{273 + 15}{273 + 110} = 22\,500 \ \text{cbm/Std.}$$

Der Kraftverbrauch des Ventilators beträgt mit $h \simeq 60$ mm WS und $\eta = 0{,}5$:

$$N = \frac{22\,500}{3600} \cdot \frac{60}{75 \cdot 0{,}5} \simeq 10 \ \text{PS} \,.$$

Würde die Heißluft von $t_h = 110^0$ in den Ventilator treten, so wäre sein Kraftbedarf:

$$N = \frac{30\,000}{3600} \cdot \frac{60}{75 \cdot 0{,}5} \simeq 13{,}3 \ \text{PS} \,.$$

k) Wärmeverbrauch innerhalb des Trockners und Abluftverlust.

Der Einheitlichkeit halber sollen im folgenden alle Wärmemengen auf 1 kg Wasserverdampfung bezogen werden. Wir gelangen, indem wir uns den Trocknungsvorgang vergegenwärtigen, zu der nachstehenden Einteilung:

α) Dampferzeugungswärme.

Das Feuchtgut trete mit t_e^0 in den Trockner, so daß auch die zu verdampfende Feuchtigkeit die Anfangstemperatur t_e besitze. Es ist nun offenbar Wasser von t_e^0 in Dampf von t_n^0 (mittlere Ablufttemperatur) zu verwandeln. Nehmen wir an, es handle sich um die Erzeugung von Sattdampf, so ist für jedes kg Wasserdampf die Wärmemenge

$$C_D = \lambda - t_e \quad \text{WE/1 kg Wasser} \quad . \quad . \quad . \quad . \quad . \quad (35)$$

erforderlich, wenn man die spezifische Wärme von $H_2 O = 1$ setzt. Der Wert λ ist die Gesamtwärme von 1 kg gesättigten Dampfes von t_n^0, wie dieselbe in Tabelle I zu finden ist. Die vorstehende Berechnungsweise genügt für praktische Zwecke vollkommen, obgleich der in der Abluft befindliche Wasserdampf sich stets in ungesättigtem bzw. überhitztem Zustande befindet und daher die gemachte Annahme nicht genau zutrifft. Genau genommen haben wir es mit Sattdampf vom Teildruck $q_{d_{(n)}}$ und einer diesem Drucke entsprechenden Temperatur t_d zu tun, welcher auf t_n^0 überhitzt zu denken ist und dessen Erzeugnngswärme somit

$$\lambda_{\ddot{u}} = q_{(t_d)} + r_{(t_d)} + c_p (t_n - t_d) - t_e \, \mathrm{WE}$$

beträgt. Hierin bedeuten: $q_{(t_d)}$ die Flüssigkeitswärme bei t_d^0, $r_{(t_d)}$ die Verdampfungswärme, c_p die spezifische Wärme des überhitzten Dampfes zwischen t_d und t_n^0.

β) Materialwärme.

Das Material verlasse den Trockner mit der Temperatur t_M.

Bezeichnen nun c_M die spezifische Wärme des Trockengutes (vgl. Abs. d) und G_t' die Trockengutmenge für 1 kg Wasserentziehung in kg, so sind zur Erwärmung von G_t' kg auf t_M^0 aufzuwenden:

$$C_M = c_M (t_M - t_e) \, G_t' \quad \mathrm{WE}/1 \text{ kg Wasserverdunstung} \quad . \quad . \quad (36)$$

Nach Abs. c ist t_M von der Temperatur und Sättigung der Abluft abhängig.

Bedeuten wieder: W die insgesamt zu entziehende Wassermenge in kg/std. und G_t die stündliche Leistung an Trockengut in kg, so folgt

$$G_t' = \frac{G_t}{W} \text{ kg}/1 \text{ kg Wasser.} \quad . \quad . \quad . \quad . \quad . \quad . \quad (37)$$

Ist die Wasserentziehung in Prozenten (p_e) und die Leistung an Feuchtgut G_f (kg/Std.) gegeben, so wird auch

$$G_t' = \frac{G_f}{W} - \frac{p_e}{100} \cdot \frac{G_f}{W},$$

und somit:

$$G_t' = \frac{G_f}{W} \frac{100 - p_e}{100} \text{ kg}/1 \text{ kg Wasser.} \quad . \quad . \quad . \quad (37\,\mathrm{a})$$

γ) Verlustwärmemenge.

Infolge der unvermeidlichen Strahlung, durch Undichtigkeiten usw. wird innerhalb des eigentlichen Trockners eine gewisse Wärmemenge C_v aufzuwenden sein, welche die so verursachten Verluste deckt.

Sind die konstruktiven Einzelheiten des Trockners bekannt, so kann man unter Annahme bestimmter Temperaturunterschiede zwischen Außenluft und Trockenluft den Wärmeübergang usw. angenähert berechnen. Wir verweisen hier auf die Mitteilungen im „Leitfaden zum Berechnen und Entwerfen von Lüftungs- und Heizungsanlagen", I. Teil, S. 138 u. f., sowie auf die „Hütte", 22. Auflage, I. Teil, S. 381 u. f.

Auf Grund von Versuchen an Trocknern, welche dem neu zu berechnenden ähnlich sind, kann man in bequemer Weise diesen Verlusten durch die Einführung der Verlustzahl „n" Rechnung tragen[1]). Als eigentliche Nutzwärme können wir offenbar die folgende Summe ansehen:

$$C_n = C_D + C_M \quad \text{WE/1 kg Wasserentz.} \quad \ldots \ldots \quad (38)$$

Nun wird aber in Wirklichkeit eine größere Wärmemenge C_w innerhalb des eigentlichen Trockners abzugeben sein, wenn die Wärmeverluste, deren Größe C_v beträgt, gedeckt werden sollen. Es sei nun

$$C_w = n\,(C_D + C_M) \quad \text{WE/1 kg Wasserentz.} \quad \ldots \ldots \quad (39)$$

oder

$$C_w = n \cdot C_n \quad \text{WE/1 kg Wasserentz.} \quad \ldots \ldots \quad (39\,\text{a})$$

Hierin ist der Koeffizient „n" eine Zahl > 1, welche etwa die Werte 1,2, 1,5, 1,6 usw. annehmen kann.

Gleichzeitig ist auch:

$$C_w = C_D + C_M + C_v \quad \text{WE/1 kg Wasserentz.} \quad \ldots \quad (39\,\text{b})$$

Durch Gleichsetzung folgt:

$$n\,(C_D + C_M) = C_D + C_M + C_v$$

und hieraus ergibt sich leicht die Verlustwärmemenge:

$$C_v = (n-1)\,(C_D + C_M) \quad \text{WE/1 kg Wasserentz.} \quad \ldots \quad (40)$$

bzw.

$$C_v = (n-1)\,C_n \quad \text{WE/1 kg Wasserentz.} \quad \ldots \ldots \quad (40\,\text{a})$$

δ) Abluftverlust.

Infolge der praktischen Unmöglichkeit und Unzweckmäßigkeit, die Trockenluft innerhalb des eigentlichen Trockners bis auf die Außenlufttemperatur t_a abzukühlen, entsteht ein Wärmeverlust von der Größe:

$$C_a = 0{,}238\,(t_n - t_a)\,l \quad \text{WE/1 kg Wasserentz.} \quad \ldots \quad (41)$$

Hierin bedeuten: 0,238 die spezifische Wärme der Luft (WE/kg), t_n die Ablufttemperatur in ^{0}C und l das Gewicht des trockenen Anteiles

---

[1]) s. Tabelle IX, Abschn. V.

der Abluft, bezogen auf die Verdampfung von 1 kg Wasser. In Gl. 41 ist die zur Erwärmung des in der Außenluft enthaltenen Dampfes vom Gewicht $l \cdot d_a$ von t_a^0 auf t_n^0 erforderliche Wärmemenge vernachlässigt worden, weil ihr keine praktische Bedeutung zukommt. Der genaue Wert für den Abluftwärmeverlust ist:

$$C_a = l\,(t_n - t_a)\,(0{,}238 + 0{,}475\,d_a) \text{ WE/1 kg Wasserentz.} \quad (41\,\text{a})$$

Hierin ist der Wert 0,475 die spezifische Wärme des ungesättigten Dampfes.

Aus der vorstehend entwickelten Methode, die Einzelwärmemengen zu berechnen, folgt nunmehr die Gesamtwärmemenge C_g, welche entweder dem eigentlichen Trockner zugeführt oder in diesem selbst entwickelt werden muß, aus den Beziehungen:

a) $C_g = C_D + C_M + C_v + C_a$ WE/1 kg Wasserentz. . . . . (42)

b) $C_g = C_D + C_M + (n-1)\,C_n + C_a$ WE/1 kg Wasserentz. (42 a)

c) $C_g = n\,(C_D + C_M) + C_a$ WE/1 kg Wasserentz. . . . . (42 b)

Gesamtwärme = Wirkl. Wärmeverbrauch + Abluftverlust
im Trockner
d) C_g $=$ $n\,C_n$ $+$ C_a
WE/1 kg Wasserentz. (42 c)

Der theoretische Gesamtwärmeverbrauch eines verlustfreien Trockners ist ferner:

$$C_T = C_D + C_M + C_a \text{ WE/1 kg Wasserentz.} \quad . . . \quad (43)$$

oder

Theoretische Gesamtwärme = Nutzwärme + Abluftwärme
C_T $=$ C_n $+$ C_a
WE/1 kg Wasserentz. (43 a)

Die Verlustzahl „n“ bzw. die Größe C_v gestatten einen unmittelbaren Schluß auf die Güte eines Trockners, und es gibt viele Möglichkeiten, diese Werte auf das geringste Maß herabzusetzen. Im Gegensatz hierzu ist dem Abluftverlust C_a stets eine natürliche untere Grenze gezogen. Wie aus Gl. 41 ersichtlich, ist C_a abhängig von l, t_n und t_a. Die Luftmenge l wird nun in erster Linie von dem erreichbaren mittleren Sättigungsgrad der Abluft bestimmt (vgl. Absatz b), und dieser hängt im wesentlichen von dem Anfangs-[1]) und Endwassergehalt[2]) des Materials ab. Die Ablufttemperatur t_n

---

[1]) Dies gilt besonders für Schachttrockner (vgl. Beisp. 28) und Gegenstromtrockner (vgl. Beisp. 30, S. 132).

[2]) Dies gilt besonders für den reinen Gleichstromtrockner (vgl. Beisp. 21, S. 93).

wird entweder durch die zulässige Erwärmung des Trockengutes
bedingt, oder sie folgt zwangläufig aus der gegebenen Eintrittstemperatur der Heißluft (vgl. Abs. „1"). Die Außenlufttemperatur
t_a ist schließlich stets durch die Witterungsverhältnisse gegeben.
Während also „n" unmittelbar zum Vergleich verschiedener Trockner
benutzt werden kann, ist dies bei C_a nur unter Berücksichtigung
der natürlichen Vorbedingungen zulässig.

Die Verlustzahl „n" steht offenbar in keinem Zusammenhang
mit der Trockenluftmenge, sondern sie ist abhängig von der Größe
der Oberfläche eines Trockners und dem Temperaturunterschied
zwischen Außenluft und Heißluft. Hat man an einem Trockner von
bestimmter Bauart den Wärmeverlust C_v (WE/1 kg Wasserentziehung)
den gegebenen Lufttemperaturen entsprechend ermittelt, so kann
„n" auch für jede andere Größe, Leistung und Wasserentziehung
berechnet werden. Es sei:

m das Verhältnis:

$$\frac{\text{Oberfläche des neuen Trockners}}{\text{Oberfläche des untersuchten Trockners}},$$

$$m_1 = \frac{\text{Leistung des neuen Trockners}}{\text{Leistung d. unters. Trockners}},$$

$C_v^{(n)}$ Wärmeverlust infolge Strahlung usw., bei dem unter-
suchten Trockner in WE/1 kg Wasser,

$p^{(n)}$ Wasserentziehung in Prozenten vom Feuchtgut, welche
bei dem Versuch beobachtet wurde,

$C_n = C_D + C_M$ Nutzwärme,

p_e die für den neuen Trockner verlangte Wasserentziehung in Prozenten von G_f,

δ Temperaturunterschied zwischen Außenluft und Heißluft bei dem neuen Trockner,

$\delta^{(n)}$ Temperaturunterschied zwischen Außenluft und Heißluft bei dem Versuchstrockner.

Wir erhalten sodann die Verlustzahl „n", welche für die Berechnung
des neuen Trockners bei einer Wasserentziehung $p_e\,(^0/_0)$ und einer
Stundenleistung G_f (kg) anzuwenden ist aus der Beziehung

$$n = \frac{m\,C_v^{(n)}\,p^{(n)}\,\delta}{m_1\,C_n\,p_e\,\delta^{(n)}} + 1 \quad \ldots \ldots \ldots \quad (44)$$

l) Bestimmung der Abluft- und Heißlufttemperaturen aus dem Wärmeverbrauch.

a) Die Erzeugung der Heißluft finde außerhalb des eigentlichen Trockners statt. (Vgl. Fig. 11, 12 und 13.)

α) Die Eintrittstemperatur t_h ist bekannt, die Ablufttemperatur t_n wird gesucht.

Wenn die Erwärmung der Trockenluft in einem Dampflufterhitzer (Fig. 15) oder einem Kalorifer (Fig. 16) erfolgt, so ist der Temperatur der zu erzeugenden Heißluft stets eine bestimmte obere

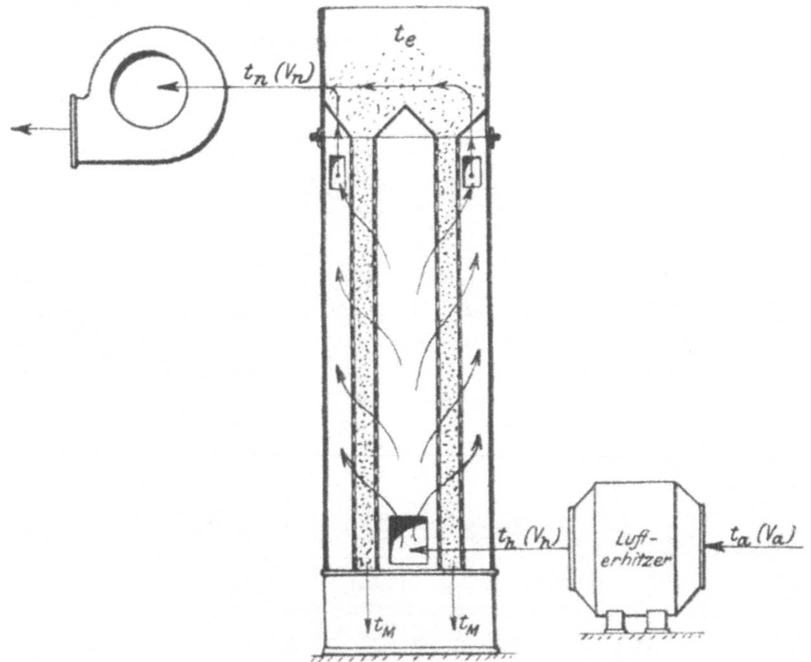

Fig. 11.
Schachttrockner.

Grenze gesetzt, die von der Spannung des Heizdampfes bzw. der zulässigen Erwärmung der Kaloriferrohre abhängt. Wir müssen also von einer Temperatur t_h ausgehen, welche $\leq$ ist als die höchstenfalls erreichbare und daraus die Ablufttemperatur t_n ermitteln.

Nach Absatz g, Gl. 19, war

$$l = \frac{1}{d_n - d_a} \text{ kg Luft/1 kg Wasserentz.,}$$

ferner kennen wir aus Abs. k, Gl. 39a, die wirkliche, im Trockner abzuliefernde Wärmemenge:

$$C_w = n C_n$$

C_w wird nun offenbar durch Abkühlung von l kg Luft von $t_h{}^0$ auf $t_n{}^0$ abgegeben, sodaß auch

$$C_w = 0{,}238\,(t_h - t_n)\,l \quad \text{WE}$$

sein muß.

Es folgt:

$$l = \frac{n\,C_n}{0{,}238\,(t_h - t_n)} \text{ kg Luft/1 kg Wasserentz.}$$

Durch Gleichsetzung ergibt sich die Beziehung:

$$\frac{1}{d_n - d_a} = \frac{n\,C_n}{0{,}238\,(t_h - t_n)} \quad \cdots\cdots\cdots \quad (45)$$

Es wird ferner:

$$\frac{t_h - t_n}{d_n - d_a} = \frac{n \cdot C_n}{0{,}238} \quad \cdots\cdots\cdots \quad (45\,\mathrm{a})$$

Mit t_n verändert sich nun gleichzeitig der Wassergehalt für 1 kg des trockenen Teiles der Abluft „d_n", sodaß stets zwei Unbekannte in der vorstehenden Gleichung auftreten, für deren Abhängigkeit voneinander uns kein Gesetz bekannt ist. Es bleibt deshalb nichts anderes übrig, als t_n anzunehmen und das zugehörige d_n für eine

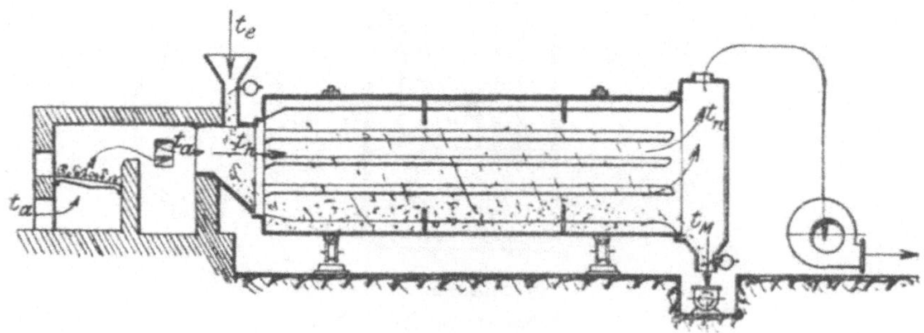

Fig. 12.
Gleichstromtrockner.

bestimmte relative Feuchtigkeit zu berechnen oder in Tabelle I aufzusuchen. Durch probeweises Einsetzen von t_n und d_n sind auf diese Art beide Seiten der Gleichung in Übereinstimmung zu bringen. Erst nachdem d_n so ermittelt worden ist, kann die Luftmenge l aus Gl. 19 nachträglich berechnet werden. Die obige Methode zur

Ermittlung von t_n und l ist für den Fall, daß die Eintrittstemperatur t_h aus irgendeinem Grunde festliegt, nicht zu umgehen.

Nach Gl. 38 war

$$C_n = C_D + C_M.$$

Da nun t_n vorläufig unbekannt ist, so ist man bezüglich der Dampferzeugungswärme C_D auf Schätzung angewiesen. Es ist ratsam,

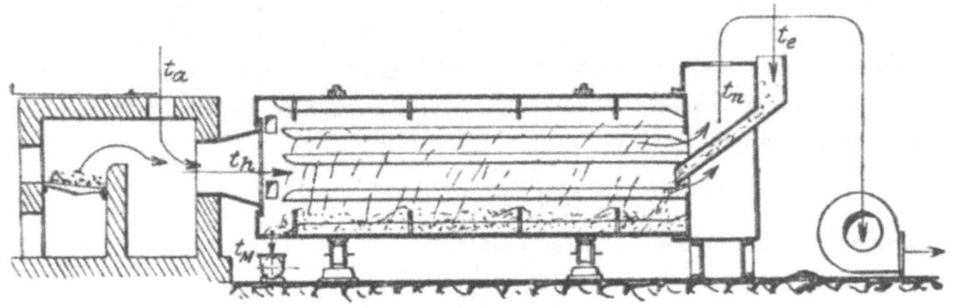

Fig. 13.

Gegenstromtrockner.

$\lambda = 640$ WE anzunehmen. Um zu einem Werte für C_M zu gelangen, hat man t_M den Verhältnissen entsprechend zu schätzen. Man gelangt hierbei nur zu angenähert richtigen Resultaten, welche dennoch für praktische Zwecke vollkommen genügen.

β) Die Ablufttemperatur t_n ist bekannt, die Heißlufttemperatur t_h wird gesucht.

Gibt uns die zulässige Erwärmung des Trockengutes einen Anhalt zur Annahme von t_n, und kann hieraus die Eintrittstemperatur t_h beliebig bemessen werden, wie dies z. B. bei Verwendung direkter Feuergase stets zutrifft, so gestaltet sich die Rechnung wesentlich einfacher. Wir haben vorerst das Luftgewicht l aus Gl. 19 zu ermitteln:

$$l = \frac{1}{d_n - d_a}.$$

Hierin sind jetzt für bestimmte Sättigungsgrade der Abluft und Außenluft alle Werte bekannt. Die Wärmemenge $C_w = n C_n$ wird durch den Temperaturabfall von $t_h{}^0$ auf $t_n{}^0$ innerhalb des eigentlichen Trockners abgegeben, sodaß wir auch hier zu der Beziehung gelangen:

$$0{,}238 \, (t_h - t_n) \, l = n \, C_n.$$

Hieraus folgt leicht:

$$t_h = \frac{n \, C_n + 0{,}238 \, t_n \, l}{0{,}238 \, l}$$

oder

$$t_h = \frac{n\,C_n}{0,238\,l} + t_n. \qquad \ldots \ldots \ldots \quad (46)$$

Es sei erwähnt, daß auch die vorstehende Entwicklung eine mittelbare Bestimmung der erforderlichen Luftmenge gestattet, wenn eine bestimmte Heißlufttemperatur vorgeschrieben ist. Man berechnet alsdann unter Annahme von t_n die Größe t_h nach Gl. 46. Zeigt es sich, daß die verlangte Heißlufttemperatur einen anderen Wert, etwa t_h', haben muß, der entweder $\gtrless t_h$ sein mag, so kann man diesem Umstande durch Veränderung des Luftgewichtes von l auf l_1 kg Rechnung tragen und die Bedingung aufstellen:

$$0,238\,(t_h - t_n)\,l = 0,238\,(t_h' - t_n)\,l_1.$$

Hieraus folgt das neue Luftgewicht:

$$l_1 = l\,\frac{t_h - t_n}{t_h' - t_n} \qquad \ldots \ldots \ldots \ldots \quad (47)$$

Je nachdem nun $t_h' \lessgtr t_h$ ist, wird $l_1 \gtrless l$ werden. Hierdurch ändert sich naturgemäß der Sättigungsgrad der Abluft, da l und l_1 sich auf 1 kg Wasserentziehung beziehen. Man hat nun von Fall zu Fall zu prüfen, wie weit diese Abweichung der resultierenden, relativen Feuchtigkeit, welche durch den Wert $d_n' = d_n\,\dfrac{t_h' - t_n}{t_h - t_n}$ bestimmt wird, von der ursprünglich angenommenen statthaft ist. Will man die Forderung stellen, daß der Sättigungsgrad konstant bleibe, so ändert sich gleichzeitig auch t_n und man gelangt wieder zu zwei Unbekannten, nämlich l_1 und t_n'. Es ist dann einfacher, von vornherein die Gleichung 45a zu benutzen.

Die Außenluft tritt mit der Temperatur t_a in den Lufterhitzer und wird auf $t_h{}^0$ erwärmt. Die Wärmemenge, welche zu diesem Zwecke nutzbar abgegeben werden muß, hat somit die Größe

$$0,238\,(t_h - t_a)\,l \text{ WE}/1 \text{ kg Wasserentziehung.}$$

Als Gesamtwärme hatten wir nun früher (Absatz k, Gl. 42c) allgemein gefunden

$$C_g = n\,C_n + C_a;$$

da der Abluftwärmeverlust

$$C_a = 0,238\,(t_n - t_a)\,l \text{ WE}$$

betragen muß und wir wissen (s. S. 58 und 59), daß

$$n\,C_n = 0,238\,(t_h - t_n)\,l \text{ WE}$$

ist, so wird auch

$$C_g = 0{,}238\,(t_h - t_n)\,l + 0{,}238\,(t_n - t_a)\,l \ \text{WE}.$$

Hieraus folgt:

$$\boldsymbol{C_g = 0{,}238\,(t_h - t_a)\,l}\ \text{WE/1 kg Wasserentziehung}\ .\ .\ .\ (48)$$

Die Gleichung 48 gibt uns den Wert für die Gesamtwärme C_g, welche vom Lufterhitzer nutzbar abzugeben ist. Sie kann, wie wir gesehen haben, auch aus Gl. 42, 42a, 42b und 42c berechnet werden.

Hiermit sind nun die beiden Forderungen, daß

1. die Luftmenge l genüge, um 1 kg Wasserdampf aufzunehmen,
2. die Wärme, welche diese Luftmenge bei einem Temperaturabfall von $t_h{}^0$ auf $t_n{}^0$ nutzbar abgibt, zur Verdampfung von 1 kg Wasser und zur Deckung aller Verluste ausreiche, erfüllt[1]).

b) Die Gesamtwärme werde innerhalb des eigentlichen Trockners erzeugt.

Es gibt verschiedene Systeme, bei denen die Heizfläche, welche die Gesamtwärme C_g abzugeben hat, innerhalb des eigentlichen Trockners untergebracht wird. Hierzu zählen z. B. Dampftrockentrommeln mit stillstehendem oder rotierendem Röhrenbündel usw.; bei allen diesen Apparaten umspült das Material die Heizfläche unmittelbar. Man kann hier nun den folgenden Vorgang annehmen: Die Außenluft tritt mit $t_a{}^0$ in den Trockner und wird auf die Ablufttemperatur t_n erwärmt. Eine weitere Temperatursteigerung findet nicht statt, weil die von der Heizfläche an die Luft übertragene Wärme sogleich wieder an das Material und seine Feuchtigkeit abgegeben bzw. zum Ausgleich von Verlusten benutzt wird.

Eine Berechnung der Ablufttemperatur t_n ist für diesen Fall nicht möglich, man hat dieselbe vielmehr unter Berücksichtigung der zulässigen Erwärmung des Trockengutes anzunehmen. Zwischen der Oberflächentemperatur der Heizröhren und der mittleren Lufttemperatur $\dfrac{t_n + t_a}{2}$ muß sodann eine ausreichende Differenz bestehen (vgl. Abs. m). Unter Annahme eines bestimmten Sättigungsgrades der Abluft (vgl. Abs. b) ist hierauf die Luftmenge aus der bekannten Gl. 19 zu ermitteln:

$$l = \frac{1}{d_n - d_a}\ \text{kg Luft/1 kg Wasserentziehung}.$$

Die Heizfläche ist so zu bemessen (s. Abs. m), daß die Gesamtwärme

---

[1]) Vgl. S. 6 und 7.

$$C_g = C_D + C_M + C_v + C_a \; \text{WE}$$

(s. Abs. k) abgegeben werden kann.

Die Einzelwärmemengen erhält man wieder aus den Gl. 35, 36, 40 und 41.

Eine besondere Klasse von Trocknern mit innerhalb liegender Heizfläche bilden die in der Schälindustrie weit verbreiteten „Dampfdarren" (Fig. 14), für welche die vorstehenden Erläuterungen keine

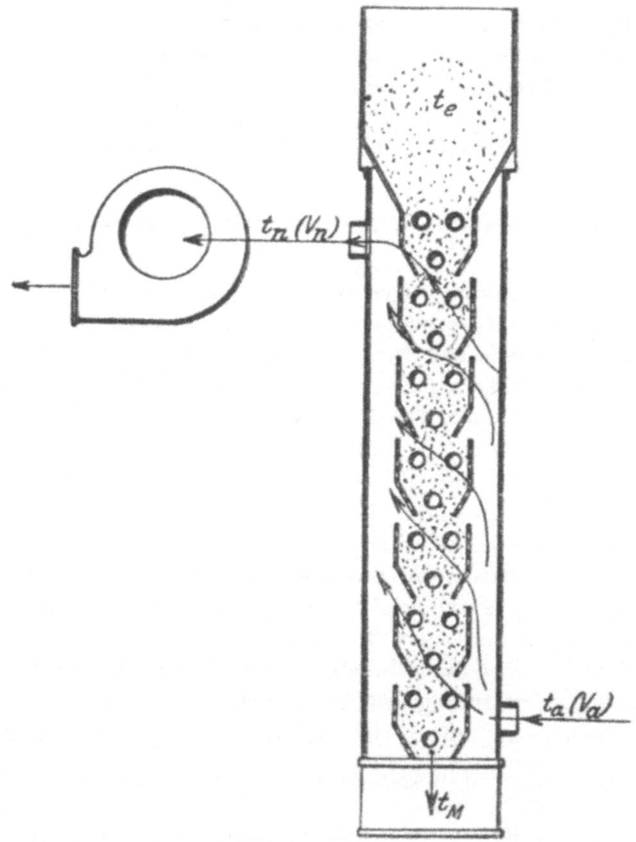

Fig. 14.
Dampfdarre.

volle Gültigkeit besitzen. Wir verweisen an dieser Stelle auf Beisp. 22, in welchem das für diesen besonderen Fall anzuwendende Berechnungsverfahren ausführlich behandelt werden soll.

Es besteht nun bei derartigen Trocknern noch die Möglichkeit, einen Teil der Heizfläche nach außen zu verlegen (Dampflufterhitzer) und die Luft vor dem Eintritt in den eigentlichen Trockner auf die erwünschte Ablufttemperatur t_n zu erwärmen. Auf dem Wege durch den Trockner behält die Luft angenähert die Temperatur t_n, sodaß auch für diesen Fall die Luftmenge l sich aus Gl. 19 ergibt.

Die äußere Heizfläche ist für die Wärmemenge

$$C_a = 0{,}238\,(t_n - t_a)\,l$$

zu berechnen (vgl. Abs. m), wobei als mittlere Lufttemperatur $\dfrac{t_n + t_a}{2}$ anzusehen ist.

Die innere Heizfläche hat den übrigen Teil der Gesamtwärme

$$C_g - C_a$$

zu liefern. Die mittlere Lufttemperatur ist $= t_n$ zu setzen (s. Abs. m).

Mit Bezug auf Fall a und b ist zu merken, daß Wärme- und Kraftverbrauch eines Trockners um so geringer ausfallen werden, je höher die Ablufttemperatur t_n ist. Die Tabelle I lehrt, daß bei einer Erhöhung der Lufttemperatur um wenige Grade Celsius die Wasseraufnahmefähigkeit bereits außerordentlich zunimmt. Es sei z. B.

1. $t_a = 15^0$; $x_a = 1$; $t_n = 30^0$; $x_n = 0{,}5$.
2. $t_a = 15^0$; $x_a = 1$; $t_n = 35^0$; $x_n = 0{,}5$.

Die Luftmenge zur Verdampfung von 1 kg Wasser ist dann für $t_n = 30^0$ (Gl. 19).

$$1. \quad l = \frac{1}{0{,}0133 - 0{,}0106} = \frac{1}{0{,}0027} \simeq 370 \text{ kg,}$$

der Abluftwärmeverlust/1 kg Wasserentziehung somit (Gl. 41):

$$C_a = 0{,}238\,(30 - 15)\,370 \simeq 1320 \text{ WE.}$$

Für $t_n = 35^0$ erhalten wir

$$2. \quad l = \frac{1}{0{,}0177 - 0{,}0106} = \frac{1}{0{,}0071} \simeq 141 \text{ kg,}$$

und daher

$$C_a = 0{,}238\,(35 - 15)\,141 \simeq 670 \text{ WE.}$$

Obgleich also im zweiten Falle die Luft den Trockner mit einer höheren Temperatur verläßt, ist dennoch, infolge der viel geringeren Luftmenge, bei gleicher Trockenwirkung der Abluftwärmeverlust nur etwa halb so groß wie im ersten Falle. Ferner wird auch der Kraftverbrauch des Ventilators im Falle 2 bedeutend kleiner ausfallen, da nur 141 kg gegenüber 370 kg Luft/1 kg Wasserentziehung zu bewegen sind. — Mit t_n bezeichnen wir stets die Temperatur der Abluft dicht hinter der Getreidesäule bzw. unmittelbar über dem Material. Bei Vertikaltrocknern ist t_n ein Mittelwert aus den verschiedenen Zonen. Es ist immer ratsam, die Lufttemperaturen so hoch zu bemessen, wie dies mit Rücksicht auf die zulässige Erwärmung des Trockengutes möglich erscheint.

Eine hohe Ablufttemperatur läßt hiernach nicht ohne weiteres auf geringe Wirtschaftlichkeit des Trockners schließen. — Aus dem auf S. 35 angegebenen Grunde gilt das Gesagte aber nur für $t_n \leq 100^0$ C.

Da t_n von der Heißlufttemperatur t_h abhängt (vgl. Fall a, α), so sollte die letztere stets mit dem höchsten Werte angesetzt werden, welchen die Bauart des Lufterhitzers[1]) erreichen läßt.

m) Erzeugung der Heißluft.

α) Dampflufterhitzer. (Fig, 15, 15a.)

Als Heizmittel kommt fast ausschließlich Sattdampf in Betracht, da die Verwendung von Heißdampf keinerlei wärmetechnische Vorteile bietet.

Zur Berechnung der Heizfläche ist es notwendig, daß man die sog. Wärmedurchgangszahl (Transmissionskoeffizient) „k“ kennt. Sie gibt an, wieviel Wärmeeinheiten (WE) von 1 qm Heizfläche bei 1^0 C Temperaturunterschied zwischen den Wandungen der Heizrohre und der sie umspülenden Luft in 1 Stunde abgegeben werden. Bedeuten noch δ_m den mittleren Temperaturunterschied zwischen Rohrwandung und Luft, F die Größe der von der Luft umspülten Heizfläche in qm, so ist allgemein die Wärmeabgabe eines Lufterhitzers

$$C = k \delta_m F \text{ WE/1 Std.} \quad \ldots \ldots \ldots \ldots (49)$$

Zur Ermittlung von k haben wir zwei Ausführungsarten der Dampflufterhitzer zu betrachten:

1. Die Luft wird durch Röhren geführt, welche außen von stillstehendem Heizdampf umgeben sind (Fig. 15).

Nach den „Mitteilungen“ der Prüfungsanstalt für Heizung und Lüftung, Berlin, ist für den vorliegenden Fall

$$k = 3{,}145 \frac{(\gamma v_l)^{0,79}}{d^{0,16}} - {}^2) \quad \ldots \ldots \ldots \ldots (50)$$

---

[1]) Dampf-Lufterhitzer, Kalorifer.
[2]) Hierin bedeuten γ das spezifische Gewicht der Luft bei t^0, v_l die Geschwindigkeit (m/sec), mit welcher die Luft durch die Röhren geleitet wird und d den lichten Durchmesser der Röhren.

Die Tabelle VI (Anhang) gibt verschiedene Werte von k, die nach Gl. 50 für Luft von 0^0 berechnet worden sind und für eiserne

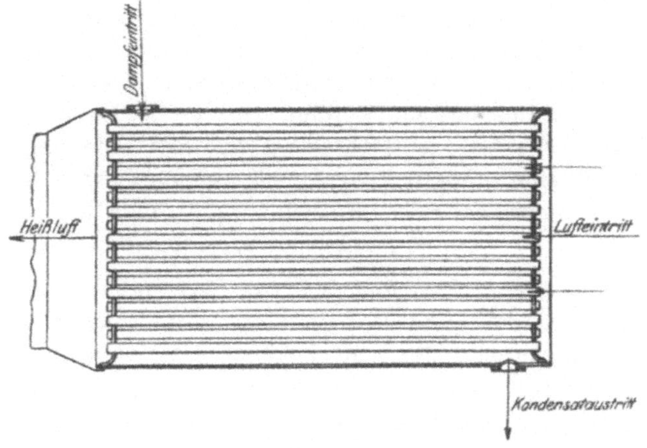

Fig. 15.

Röhren gelten. Sie läßt erkennen, daß k mit zunehmendem Rohrdurchmesser sinkt. Der Grund für diese Erscheinung liegt offenbar darin, daß bei großen Röhren die inneren Fäden des Luftstromes weiter von der heizenden Fläche entfernt sind als bei kleinen Rohrdurchmessern.

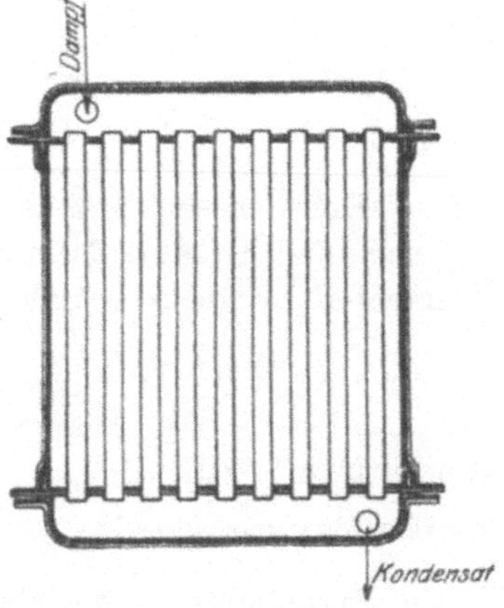

Fig. 15a.

2. Die Luft trifft senkrecht auf eiserne, von Dampf durchflossene Röhren, wel-

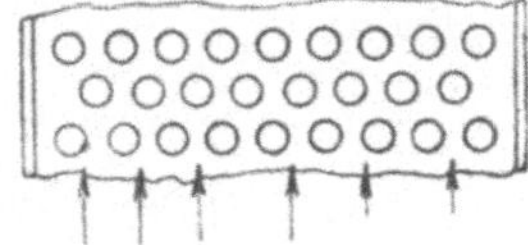

Fig. 15b.

che in mehreren Reihen hintereinander angeordnet sind (Fig. 15a und 15b).

Nach Heft 3 der „Mitteilungen" der Prüfungsanstalt für Heizung und Lüftung erhält man bei einem äußeren Durchmesser der Heizröhren von 33 mm die Wärmeübergangszahl aus den folgenden Beziehungen:

für 2 Reihen   für 3 Reihen   für 4 Reihen

$$k = 15{,}8\,(\gamma v_l)^{0,59}; \qquad k = 16{,}9\,(\gamma v_l)^{0,59}; \qquad k = 18{,}1\,(\gamma v_l)^{0,59} \ldots \;(51)$$

Die Versuche, welche zu den vorstehenden Ergebnissen geführt haben, sind bei Dampfspannungen von 1 bis 5 atm. abs. vorgenommen worden. In Tabelle VII (Anhang) sind verschiedene Werte von k für Luft von 0^0 zusammengestellt worden. Der große Einfluß der Luftgeschwindigkeit zwischen den Röhren ist deutlich erkennbar, und es zeigt sich, daß eine erhöhte Beanspruchung des Lufterhitzers auch eine größere Wärmeabgabe der Heizfläche zur Folge hat.

Wie aus Gl. 49 ersichtlich, muß zur Berechnung der Leistung eines Lufterhitzers der mittlere Temperaturunterschied δ_m zwischen den Rohrwandungen und der Luft bekannt sein. Die letztere tritt mit der Temperatur t_a in den Erhitzer und verläßt ihn auf $t_h{}^0$ erwärmt. Die mittlere Lufttemperatur ist somit

$$t_m = \frac{t_h + t_a}{2}.$$

Nehmen wir an, die Dampftemperatur t_d sei an allen Stellen der Heizfläche die gleiche und mit der Wandungstemperatur identisch, so erhalten wir eine mittlere Temperaturdifferenz

$$\delta_m = t_d - t_m = t_d - \frac{t_h + t_a}{2}. \quad \ldots \ldots \; (52)$$

Nach Hausbrand, „Verdampfen und Kondensieren", 6. Aufl., S. 2 und 3, ist die Ermittlung von δ_m nach Gl. 52 nur dann zulässig, wenn der kleinste Temperaturunterschied mindestens halb so groß ist wie der größte.

Bezeichnen:

$$\delta_a = t_d - t_a \text{ den größten Temperaturunterschied,}$$

$$\delta_h = t_d - t_h \text{ den kleinsten Temperaturunterschied,}$$

so muß für die Benutzung der Gl. 52 die Voraussetzung bestehen:

$$\delta_h \geqq \tfrac{1}{2}\delta_a, \text{ bzw. } \frac{\delta_h}{\delta_a} \geqq 0{,}5.$$

Ist z. B. die Dampfspannung $= 5$ kg/qcm abs., d. h. $t_d = 151^0$ (s. Tabelle IV, Anhang) und ferner $t_a = 10^0$, $t_h = 82^0$, so folgt:

$$\delta_a = 151 - 10 = 141^0,$$

$$\delta_h = 151 - 82 = 69^0,$$

und

$$\frac{\delta_h}{\delta_a} = \frac{69}{141} \cong 0{,}5.$$

Für diesen Fall wäre also die Benutzung der Gl. 52 noch gerade zulässig.

Ist dagegen $\delta_h < \tfrac{1}{2}\delta_a$ bzw. $\frac{\delta_h}{\delta_a} < 0{,}5$, so hat man δ_m aus der Beziehung[1]:

$$\delta_m = \frac{\delta_a\left(1 - \dfrac{p}{100}\right)}{\ln \dfrac{100}{p}}\ ^0 C \ \ldots \ldots \ldots (53)$$

zu berechnen.

In Gl. 53 bedeutet p das Verhältnis

$$\frac{\delta_h}{\delta_a} \cdot 100,$$

d. h. den Prozentsatz der kleinsten Temperaturdifferenz in bezug auf die größte.

Ersetzt man den ln durch den log, so geht Gl. 53 über in

$$\delta_m = \frac{\delta_a\left(1 - \dfrac{p}{100}\right)}{2{,}303 \log \dfrac{100}{p}},$$

woraus folgt

$$\delta_m = 0{,}433\,\frac{\delta_a\left(1 - \dfrac{p}{100}\right)}{\log \dfrac{100}{p}}\ ^0 C \ \ldots \ldots \ldots (54)$$

In Tabelle VIII (Anhang), welche dem oben mehrfach erwähnten Werke entnommen ist, sind die mittleren Temperaturunterschiede für verschiedene Werte von $\frac{\delta_h}{\delta_a}$ enthalten. Da hierbei $\delta_a = 1$ gesetzt worden ist, hat man das aus Tabelle VIII gefundene δ_m stets noch mit dem wirklichen Werte von δ_a zu multiplizieren. Sind z. B. $t_d = 151^0$, $t_a = 10^0$, $t_h = 101^0$ und folglich $\delta_a = 141^0$, $\delta_h = 50^0$, so wird

$$\frac{\delta_h}{\delta_a} = \frac{50}{141} \cong 0{,}354.$$

---

[1] Hausbrand, Verdampfen und Kondensieren, 6. Aufl., S. 5 (Verlag von Julius Springer, Berlin).

Der nächstliegende Wert für $\dfrac{\delta_h}{\delta_a}$ ist nach Tabelle VIII $= 0,35$, und diesem entspricht nach Tabelle $\delta_m = 0,624$. Die wirkliche mittlere Temperaturdifferenz ist somit

$$\delta_m = 0,624 \cdot \delta_a = 0,624 \cdot 141 = 88^0.$$

Mit Benutzung von Gl. 52 würden wir erhalten:

$$\delta_m = 151 - \frac{101 + 50}{2} = 95,5^0.$$

In dem ersten Falle würde, mit $k = 12$, eine Heizfläche von 20 qm abgeben (Gl. 49):

$$C = 12 \cdot 88 \cdot 20 \simeq 21\,200 \text{ WE/Std.,}$$

im 2. Falle:

$$C = 12 \cdot 95,5 \cdot 20 \simeq 23\,000 \text{ WE/Std.}$$

Das Resultat nach Gl. 52 ist also zu günstig. Da $\dfrac{\delta_h}{\delta_a}$ $(= 0,354)$ wesentlich kleiner ist als 0,5, so kann nur Gl. 54 zur Berechnung von δ_m in Betracht kommen.

Wir hatten die Gesamtwärme, welche zur Verdampfung von 1 kg Wasser aufzuwenden ist, mit C_g bezeichnet (S. 61, Gl. 48). Analog Gl. 49 erhalten wir die Beziehung

$$C_g = k\delta_m f, \quad \ldots \ldots \ldots \ldots (55)$$

worin f die für 1 kg Wasserentziehung nötige Heizfläche in qm bedeutet. Es folgt

$$f = \frac{C_g}{k\delta_m}. \quad \ldots \ldots \ldots \ldots (55\text{a})$$

Sind W kg Wasser in der Stunde zu verdampfen, so muß die gesamte Heizfläche des Lufterhitzers die Größe erhalten:

$$F_D = W\frac{C_g}{k\delta_m} \text{ qm} \quad \ldots \ldots \ldots (55\text{b})$$

Es ist nun weiterhin von Wichtigkeit, den Dampfverbrauch für eine bestimmte Leistung des Lufterhitzers zu ermitteln. Wird Sattdampf zu Heizzwecken benutzt, so kann 1 kg desselben theoretisch die sog. Verdampfungswärme (latente Wärme)

$$r = \lambda - q$$

abgeben, wenn das Kondensat das Röhrensystem mit der Dampftemperatur t_d verläßt. Ist also die Spannung oder Temperatur des Heizdampfes beim Eintritt in den Lufterhitzer bekannt, so kann r der Tabelle IV (Anhang) entnommen werden, die jedoch lediglich für trockenen Sattdampf gilt. In Wirklichkeit wird dem Dampfe immer etwas Feuchtigkeit beigemischt sein, da bereits bei seiner Erzeugung im Kessel mehr oder weniger Wasser mitgerissen wird. Enthält somit 1 kg des Heizdampfes y_w Teile Wasser und $y_D = (1 - y_w)$ Teile trockenen Dampf, so können auch von 1 kg nur noch

$$y_D \cdot r \, \text{WE}$$

nutzbar abgeliefert werden. Der Wert y_D kann z. B. $= 0,95$, $0,9$, $0,85$ usw. sein.

Ein Teil der Verdampfungswärme wird ferner zur Deckung von Strahlungsverlusten usw. verbraucht werden, sodaß nach Abgabe dieses Verlustteiles nur noch

$$y_v r \, \text{WE}$$

verfügbar sein mögen. Unter Berücksichtigung der Dampffeuchtigkeit erhalten wir als nutzbare Wärmemenge aus 1 kg Sattdampf

$$r' = y_D \cdot y_v r \, \text{WE}.$$

Setzen wir $y_D y_v = y$ so wird

$$r' = yr \, \text{WE}. \quad \dots \dots \dots \dots \dots (56)$$

Bei einem gut ausgeführten Dampflufterhitzer dürften die Verluste infolge Strahlung usw. $5 \div 7\,^1/_2\,^0/_0$ nicht überschreiten, sodaß $y_v = 0,95 \div 0,925$ wird. Unter Annahme von $10\,^0/_0$ Dampffeuchtigkeit wird z. B. $y_D = 0,9$ und $y = 0,9 \cdot 0,95 = 0,855$. Wo keine ungewöhnlichen Verhältnisse vorliegen, wird man mit $y = 0,825 \div 0,85$ auskommen.

Der Dampfverbrauch zur Erzeugung der Gesamtwärme C_g muß nach den vorausgegangenen Erläuterungen aus der folgenden Beziehung sich ergeben;

$$D = \frac{C_g}{yr} \, \text{kg Dampf/1 kg Wasserentz.} \quad \dots \dots (57)$$

Sind W kg Wasser in der Stunde zu verdampfen, so ist der Dampfverbrauch

$$D_W = W \frac{C_g}{yr} \, \text{kg Dampf/} W \text{ kg Wasserentziehung} \quad . \quad . (57\text{a})$$

Bei Durchsicht der Tabelle IV finden wir, daß z. B. bei der Dampfspannung $p = 2$ kg/qcm abs. $r = 525,7$ WE, und bei $p = 10$ kg/qcm abs. $r = 482,6$ WE ist. Die Verwendung hoher Dampfdrücke bringt also keineswegs eine Wärmeersparnis mit sich. Der einzige Vorteil hochgespannten Dampfes besteht darin, daß die Heizfläche des Luft-

erhitzers infolge des größeren Temperaturunterschiedes kleiner ausfällt als bei niedrigen Drücken.

In Abhängigkeit von dem Durchmesser und der Länge der Zu-
leitung, der Art der Isolierung und der Dampfspannung wird nun
ein Teil des Heizdampfes bereits auf dem Wege zum Lufterhitzer
kondensieren. Das Gewicht dieser Niederschlagswassermenge kann
bei bekannten Verhältnissen leicht mit Hilfe der im „Leitfaden",
(3. Aufl., S. 328 usf.) enthaltenen „Theorie der Dampfleitung" berechnet
werden. Daselbst ist auch die Ermittlung des Spannungsabfalls näher
erörtert worden. Bedeutet w das berechnete Gewicht des Kondensates (kg/std.), welches durch geeignete Entwässerungsvorrichtung vor
dem Lufterhitzer abzuführen ist und p_k die Dampfspannung am
Kessel, so muß im letzteren das Dampfgewicht

$$D_k = W \frac{C_g}{y\,r} + w \text{ kg Dampf von } p_k \text{ kg/qcm Druck}$$

für W kg Wasserverdampfung in der Stunde erzeugt werden.

Bezeichnen λ_k die Gesamtwärme/kg trockenen Dampfes bei p_k
kg/qcm und t_k die Temperatur des Speisewassers, so ist zur Erzeugung von D_k kg Dampf/Std. eine Wärmemenge von

$$C_k = D_k\,(\lambda_k - t_k)\,\text{WE/std.}$$

nötig.

Besitzt der Brennstoff, welcher unter dem Kessel verfeuert
wird, den unteren Heizwert H_u und ist der Wirkungsgrad der Kesselanlage[1] η_k, so werden stündlich verbraucht

$$B_k = \frac{D_k\,(\lambda_k - t_k)}{H_u\,\eta_k} \text{ kg/std.} \quad \ldots \ldots (58)$$

Die vorstehende Gleichung läßt erkennen, daß B_k um so geringer wird, je wärmer das Speisewasser ist. Es ist deshalb ratsam,
das Kondensat, welches den Lufterhitzer angenähert mit der Dampftemperatur t_d verläßt, durch besondere Dampfwasserrückleiter dem
Kessel wieder zuzuführen. Das gleiche gilt auch für das Niederschlagswasser der Dampfleitung.

β) Kalorifere.

Fig. 16 zeigt einen sog. Kalorifer mit gußeisernen Rippenheiz-
rohren. Die Rauchgase durchziehen die letzteren in Schlangenform
und treten dann in den zum Schornstein führenden Fuchs. Die
atmosphärische Luft strömt von unten nach oben an den heißen
Wandungen vorbei und wird hierbei auf 50 bis 100^0 erwärmt. Die

---

[1] η_k ist etwa $= 0{,}65 \div 0{,}75$.

Ausführungsarten dieser Lufterhitzer sind sehr mannigfach, jedoch ist das angewandte Prinzip stets dasselbe.

Es sind nun unseres Wissens bislang keine Angaben über die Wärmeübergangszahl „k" veröffentlicht worden, welche die Abhängigkeit der letzteren von den Geschwindigkeiten der Luft und der Rauchgase erkennen lassen. Die Spezialfabriken geben gewöhnlich an, daß bei einer Endtemperatur von $t_h = 50 \div 60^0$ etwa 1500 WE, bei $t_h = 100^0$ etwa 1000 WE von 1 qm Heizfläche in der Stunde abgegeben werden. Diese Leistungen werden offenbar bei natürlichem

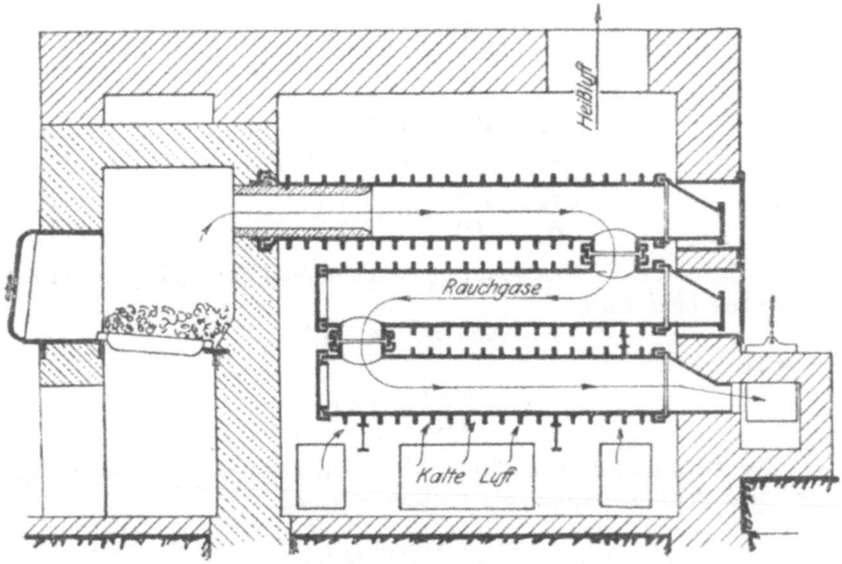

Fig. 16.

Auftrieb der Luft erreicht, so daß man bei einer künstlichen Bewegung der letzteren, d. h. bei höheren Geschwindigkeiten zwischen den Rohren, wohl mit einer höheren Wärmeabgabe rechnen kann.

Werden die mitgeteilten Zahlen für allgemeine Zwecke benutzt, so geht man in jedem Fall sicher. Wir erhalten hiernach als Wärmeabgabe in der Stunde

für $\qquad\qquad t_h = 50 \div 60^0: C \simeq 1500\ F$ WE/std. $\quad \ldots \ldots$ (59)

für $\qquad\qquad t_h = 100^0: C \simeq 1000\ F$ WE/std. $\quad \ldots \ldots$ (59a)

Hierin bedeutet F die Heizfläche in qm.

Unter der Annahme, daß die Höchsttemperatur der Rohrwände $= 700^0$, die tiefste Temperatur $= 250^0$ seien, erhalten wir mit $t_a = 10^0$ und $t_h = 60^0$:

$$\delta_a = 700 - 60 = 640^0,$$
$$\delta_h = 250 - 10 = 240^0,$$
$$\frac{\delta_h}{\delta_a} = \frac{240}{640} = 0{,}375.$$

Aus Tabelle VIII (Anhang) folgt hierfür $\delta_m \simeq 0{,}64$. Die wirkliche mittlere Temperaturdifferenz ist daher

$$0{,}64 \cdot 640 \simeq 410^0.$$

Die Wärmeübergangszahl k hat somit die Größe:

$$k = \frac{1500}{410} = 3{,}66.$$

Für $t_h = 100^0$ wird:

$$\delta_a = 700 - 100 = 600^0,$$
$$\delta_h = 250 - 10 = 240^0,$$
$$\frac{\delta_h}{\delta_a} = \frac{240}{600} = 0{,}4.$$

Nach Tabelle VIII ist somit $\delta_m = 0{,}658$, und der wirkliche Temperaturunterschied wird

$$= 0{,}658 \cdot 600 \simeq 395^0.$$

Es folgt

$$k = \frac{1000}{395} = 2{,}53.$$

Zur Berechnung von C für die Temperaturen t_h zwischen 60 und 100^0 könnte deshalb als Mittelwert etwa

$$k = \frac{3{,}66 + 2{,}53}{2} \simeq 3{,}2$$

angesehen werden.

Für $t_h \simeq 65 \div 95^0$ wäre dann:

$$C \simeq 3{,}2 \cdot \delta_m \cdot F \ \text{WE/std.} \quad \dots \dots \dots (60)$$

(δ_m ist unter Voraussetzung einer höchsten und tiefsten Temperatur der Rohrwände von 700 bzw. 250^0 zu ermitteln).

Natürlich sind alle diese Angaben nur als brauchbare Faustregeln zu bewerten, die so lange benutzt werden müssen, wie keine genauen Forschungsergebnisse vorliegen.

Für Rohrdurchmesser bis 200 mm (glatte Innen- und Außenwand) haben wir bereits eine sehr ausführliche Tabelle für die Teildurchgangszahl α in dem Werke „Hausbrand, Verdampfen und Kondensieren, 6. Aufl., S. 124—127" vorliegen, welche auf Grund der Arbeiten von Dr. Ing. Nusselt zusammengestellt ist.

Als Heizfläche, welche für 1 kg Wasserverdampfung, d. h. zur Erzeugung von C_g WE erforderlich ist, erhalten wir:

$$\text{Für } t_h = 50 \div 60^0 \quad f = \frac{C_g}{1500} \text{ qm/1 kg Wasserentz. i. d. Stunde . . (61)}$$

$$\text{für } t_h = 100^0 \quad f = \frac{C_g}{1000} \text{ qm/1 kg Wasserentz. i. d. Stunde . (61 a)}$$

$$\text{für } t_h \simeq 65 \div 95^0 \quad f \simeq \frac{C_g}{3,2\, \delta_m} \text{ qm/1 kg Wasserentz. i. d. Stunde . (61 b)}$$

(Bezüglich δ_m siehe Bemerkung zur Gl. 60.)

Sind W kg Wasser in der Stunde zu verdampfen, so wird die gesamte Heizfläche des Kalorifers:

$$\text{Für } t_h = 50 \div 60^0 \quad F_c = W \frac{C_g}{1500} \text{ qm/} W \text{ kg Wasserentz.}$$

$$\text{i. d. Stunde} \ldots \ldots \ldots \ldots \ldots \ldots \ldots (62)$$

$$\text{für } t_h = 100^0 \quad F_c = W \frac{C_g}{1000} \text{ qm/} W \text{ kg Wasserentz.}$$

$$\text{i. d. Stunde} \ldots \ldots \ldots \ldots \ldots \ldots (62\,\text{a})$$

$$\text{für } t_h \simeq 65 \div 95^0 \quad F_c = W \frac{C_g}{3,2\, \delta_m} \text{ qm/} W \text{ kg Wasserentz.}$$

$$\text{i. d. Stunde} \ldots \ldots \ldots \ldots \ldots \ldots (62\,\text{b})$$

(Bezüglich δ_m siehe Bemerkung zur Gl. 60.)

Als Gesamtwirkungsgrad des Kalorifers und seiner Feuerung findet man gewöhnlich $\eta_c = 0,5 \div 0,6$ angegeben. Der Brennstoff muß deshalb zur Erzeugung von C_g bzw. $W C_g$ WE die Wärmemenge

$$C_B = \frac{C_g}{\eta_c} \text{ WE/1 kg Wasserentziehung}$$

bzw.

$$C_B' = W \frac{C_g}{\eta_c} \text{ WE/} W \text{ kg Wasserentziehung}$$

enthalten. Der Brennstoffverbrauch wird folglich mit H_u als unterem Heizwert:

$$B_c = \frac{C_g}{H_u \cdot \eta_c} \text{ kg/1 kg Wasserentz.} \ldots \ldots \ldots (63)$$

bzw.

$$B_c' = W \frac{C_g}{H_u \cdot \eta_c} \text{ kg/} W \text{ kg Wasserentz. und Stunde . (63 a)}$$

Es besteht die Möglichkeit, jeden beliebigen Brennstoff zur Erzeugung der Heißluft heranzuziehen, da die Feuerung dem ersteren leicht angepaßt werden kann. Man findet deshalb, außer dem Planrost, Schräg- und Treppenroste der verschiedensten Systeme in Verbindung mit Kalorifern ausgeführt. Die richtige Abmessung der Rostfläche, sowie die Wahl des für einen bestimmten Brennstoff am besten geeigneten Rostsystems sind für die Wirtschaftlichkeit der Anlage von großer Bedeutung. Wir empfehlen das Werk „Brennstoffe, Feuerungen und Dampfkessel" von A. Dosch (Verl. Dr. Max Jänecke, Hannover) zu eingehendem Studium.

γ) Die Erzeugung der Heißluft mittels direkter Feuergase.

In den letzten Jahren ist die Erzeugung der Heißluft unter Benutzung direkter Feuergase in immer steigendem Maße durchgeführt worden. Gewöhnlich wird Koks als Brennstoff gewählt, seltener gelangen auch Stein- und Braunkohle zur Anwendung. Fig. 17 gibt das Schema eines Lufterhitzers für direkte Feuergase. Die Frischluft wird durch die regulierbare Öffnung „a" zugeführt und mischt sich im Raume R mit den Gasen, wodurch eine Abkühlung auf die gewünschte Heißlufttemperatur zustande kommt. Im Raume R_1 findet, infolge der plötzlichen Querschnittserweiterung gleichzeitig ein Abscheiden der Funken statt. Auch für diese Gattung von Lufterhitzern haben sich naturgemäß eine große Anzahl verschiedener Systeme

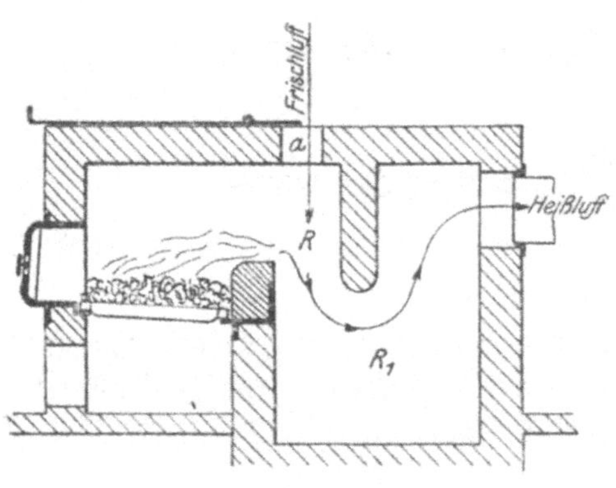

Fig. 17.

herausgebildet. So wird z. B. die Frischluft bisweilen zum Teil über dem Rost zugeführt, der Rest später beigemischt; ferner findet man, daß ein Teil der kalten Luft (und zwar erheblich mehr als zur Verbrennung erforderlich wäre) durch die Rostspalten geleitet wird usw. Es lassen sich auf diese Weise Heißlufttemperaturen von jeder beliebigen Höhe — etwa zwischen 1000^0 und 60^0 — erzielen. Die Verwendung direkter Koksgase erstreckt sich nicht allein auf die Trocknung von verhältnismäßig unempfindlichem Material, sondern man trocknet heute bereits Brot- und sogar Saatgetreide mittels eines Feuergas-Luftgemisches. In bezug auf die Wärmeausnutzung ist diese Art der Heißlufterzeugung naturgemäß jedem anderen Verfahren überlegen.

Bedeutet η_0 den Wirkungsgrad eines solchen „Luftofens" mit

seiner Feuerung, so ist mit H_u als Heizwert der Brennstoffverbrauch für 1 kg Wasserverdampfung, d. h. bei der Erzeugung
von C_g WE (S. 61, Gl. 48)

$$B_0 = \frac{C_g}{H_u \eta_0} \text{ kg/1 kg Wasserentz.} \quad \ldots \ldots \text{(64)}$$

Sind W kg Wasser in der Stunde zu entziehen, so erhalten wir den
gesamten Brennstoffverbrauch in der Stunde aus der Beziehung:

$$B_0' = W \frac{C_g}{H_u \eta_0} \text{ kg/} W \text{ kg Wasserentz.} \quad \ldots \ldots \text{(65)}$$

Es ist jetzt von Interesse, zu erfahren, welchen Gewichts-
anteil die reine Luft in einem Feuergas-Luftgemisch besitzt, wenn
die Mischungstemperatur eine bestimmte, etwa t_h, sein soll, und
ferner, wieviel kg Luft zwecks Herbeiführung einer möglichst vollkommenen Verbrennung durch die Rostspalten geleitet werden müssen.

Die zur Verbrennung theoretisch notwendige Mindestluftmenge L_b (kg) kann man berechnen, wenn die Elementaranalyse des
Brennstoffes bekannt ist. Es wird alsdann das theoretisch erforderliche Sauerstoffgewicht „$k_{(O_2)}$" für die Verbrennung von 1 kg des betreffenden Stoffes[1])

$$k_{(O_2)} = \frac{8}{3} C + 8 H - O \text{ kg,}$$

wenn C (Kohlenstoff), H (Wasserstoff) und O (Sauerstoff) die Gewichts-
teile in 1 kg Brennstoff sind. Atmosphärische Luft besteht nun aus
23,2 Gewichtsteilen Sauerstoff (O_2) und 76,8 Gewichtsteilen Stick-
stoff (N_2). Der theoretische Luftbedarf für 1 kg Brennstoff folgt
somit aus der Beziehung

$$0{,}232 \, L_b = k_{(O_2)} \,,$$

und es wird

$$L_b = \frac{k_{(O_2)}}{0{,}232} \text{ kg Luft/1 kg Brennstoff.} \quad \ldots \ldots \text{(66)}$$

Zur vollständigen Verbrennung wird nun aber dieses theoretisch erforderliche Luftgewicht L_b nicht ausreichen, sondern es muß in Wirklichkeit ein Vielfaches von L_b dem Brennstoff zugeführt werden.

Nennt man den Faktor, welcher diesen praktisch erforderlichen
Luftüberschuß ausdrückt, n_b, so gelangt man zu der für 1 kg Brennstoff wirklich erforderlichen Luftmenge

$$L_B = n_b L_b \text{ kg.} \quad \ldots \ldots \ldots \text{(67)}$$

---

[1]) W. Schüle, Technische Thermodynamik, 3. Aufl., S. 37 (Verlag von
Julius Springer, Berlin).

Infolge dieses Luftüberschusses wird die theoretische Verbrennungstemperatur nicht erreicht werden. Die wirkliche Temperatur der sich bildenden Feuergase muß um so niedriger ausfallen, je größer der Faktor n_b wird. Da nun bei den vorliegenden Verhältnissen ein Verlust durch Abgase nicht in Frage kommt, so läßt sich auch die Entstehung der Trockenluft von der Temperatur t_h so vorstellen, als ob das gesamte, in dem resultierenden Gemisch enthaltene Luftgewicht dem Brennstoff auf einmal, z. B. durch die Rostspalten, zugeführt worden sei, sodaß die Mischung also bereits bei der Verbrennung stattfinde. Man hat dann den Luftüberschußfaktor größer als n_b, etwa $= n_g$, zu denken, damit die verlangte Heißlufttemperatur t_h zustande kommt.

Da bei der Umwandlung des festen Brennstoffes in Feuergas ein Gewichtsverlust (abgesehen von Verbrennungsrückständen, die wir vernachlässigen) nicht auftreten kann, so entsteht aus 1 kg **Brennstoff das Gas-Luftgemisch vom Gewicht**

$$L_g = 1 + n_g L_b \text{ kg Gasluft/1 kg Brennstoff} \quad . \quad . \quad . \quad (68)$$

Diese Gasmenge wird infolge der Verbrennung von 1 kg Brennstoff von der Außentemperatur t_a auf die Mischtemperatur t_h erwärmt. Mit c_g als spezifische Wärme des Gemisches ist hierzu folgende Wärmemenge erforderlich:

$$c_g (1 + n_g L_b)(t_h - t_a) \text{ WE}.$$

Diese Wärmemenge kann offenbar nur von dem 1 kg Brennstoff herstammen. Besitzt derselbe den Heizwert H_u und ist der Wirkungsgrad des Ofens η_0, so muß deshalb die Beziehung bestehen:

$$c_g (1 + n_g L_b)(t_h - t_a) = \eta_0 H_u \quad . \quad . \quad . \quad . \quad . \quad . \quad (69)$$

Hierin ist die zur Erwärmung des in $n_g L_b$ kg Luft enthaltenen Wasserdampfes von t_a^0 auf t_h^0 nötige Wärme unberücksichtigt geblieben. Wir haben uns $n_g L_b$ als das Gewicht reiner trockener Luft zu denken. Aus Gl. 69 folgt leicht:

$$n_g = \frac{\eta_0 H_u - c_g (t_h - t_a)}{c_g (t_h - t_a) L_b} \quad . \quad . \quad . \quad . \quad . \quad . \quad . \quad (70)$$

Wenn die Mischtemperatur t_h wesentlich kleiner ist als die Verbrennungstemperatur, welche unter Zuführung von nur $n_b L_b$ kg durch den Rost entstehen würde, so wird die Luft den vorherrschenden Teil des Gemisches bilden und man kann mit ausreichender Genauigkeit $c_g = c = 0{,}238$ (spez. Wärme der Luft) setzen. Es wird dann noch:

$$n_g = \frac{\eta_0 H_u - 0{,}238\,(t_h - t_a)}{0{,}238\,(t_h - t_a)\,L_b} \quad . \quad . \quad . \quad . \quad . \quad (70\,\text{a})$$

Nach Gl. 48, S. 61 war die zur Verdampfung von 1 kg Wasser erforderliche Wärme

$$C_g = 0{,}238\,(t_h - t_a)\,l\ \mathrm{WE}.$$

Hieraus folgt:

$$0{,}238\,(t_h - t_a) = \frac{C_g}{l}\ (1).$$

Ferner war der Brennstoffverbrauch für 1 kg Wasserverdampfung nach Gl. 64:

$$B_0 = \frac{C_g}{H_u\,\eta_0},$$

woraus sich ergibt

$$H_u\,\eta_0 = \frac{C_g}{B_0}\ (2).$$

Durch Einsetzung der gefundenen Werte aus (1) und (2) in Gl. 70a entsteht die neue Beziehung

$$n_g = \frac{\dfrac{C_g}{B_0} - \dfrac{C_g}{l}}{\dfrac{C_g}{l}\cdot L_b}.$$

Durch Entwicklung gelangen wir hieraus zu:

$$n_g = \frac{l - B_0}{B_0\,L_b}. \qquad\qquad\ldots\ldots\ldots (71)$$

Der Luftüberschußfaktor n_g, bei welchem das Gemisch die Temperatur t_h annimmt, kann somit nach der vorstehenden Gleichung leicht berechnet werden, wenn das Gewicht des trockenen Teiles der Luft l (s. Gl. 19, S. 64), und der Brennstoffverbrauch B_0 (s. Gl. 35, S. 75), beide bezogen auf die Verdampfung von 1 kg Feuchtigkeit, sowie die zur Verbrennung von 1 kg eines Brennstoffes theoretisch erforderliche Mindestluftmenge L_b (s. Gl. 66, S. 75) bekannt sind.

In Gl. 71 können auch die auf eine Wasserentziehung von W kg/Std. bezüglichen Werte L (Gl. 19a, S. 35) und B_0' (Gl. 65, S. 75) an Stelle von l und B_0 eingeführt werden.

Zur vollkommenen Verbrennung genügt etwa zweifacher Luftüberschuß. Wir erhalten daher das für 1 kg der hier in Betracht kommenden Brennstoffe erforderliche Gewicht der Verbrennungsluft ($n_b = 2$, s. Gl. 67):

$$L_R = 2\,L_b\ \text{kg Verbrennungsluft}/1\ \text{kg Brennstoff}. \ldots\ldots (72)$$

Für W kg Wasserentziehung und B_0' kg (s. Gl. 65) Brennstoffverbrauch/Std. gehen insgesamt durch die Rostspalten:

$$L_R' = 2\,L_b\,B_0' \text{ kg Verbrennungsluft}/W \text{ kg Wasserentz. und Std. (72a)}$$

Das Volumen der Verbrennungsluft, welches den freien Querschnitt der Rostfläche bestimmt, hat die Größe:

$$V_R = \frac{L_R'}{\gamma_a} \text{ cbm/std.},$$

worin $\gamma_a = 1{,}293\,\dfrac{273}{273 + t_a}$ das spezifische Gewicht der Außenluft bedeutet. Mit Benutzung der Gl. 72a folgt:

$$V_R = \frac{2\,L_b\,B_0'\,(273 + t_a)}{1{,}293 \cdot 273} \text{ cbm/std.} \quad\ldots\ldots \text{(73)}$$

oder

$$\boldsymbol{V_R = 0{,}005\,65\,(273 + t_a)\,L_b\,B_0'} \text{ cbm Verbrennungsluft i. d. Std. (73a)}$$

Bezeichnet f_r die freie Rostfläche in qm und v_r die Luftgeschwindigkeit in den Rostspalten im m/sec, so wird

$$f_r = \frac{V_R}{3600 \cdot v_r} \text{ qm} \ldots\ldots\ldots\ldots \text{(74)}$$

(v_r kann $= 1$ bis $1{,}5$ m/sec angenommen werden).

Das Gewicht der Mischluft/kg Brennstoff, welches zur Erzielung der Mischtemperatur t_h erforderlich ist, ergibt offenbar die Differenz

$$n_g L_b - L_R \text{ (s. Gl. 68 u. 72).}$$

Wir erhalten

$$L_m = n_g L_b - 2\,L_b,$$

oder

$$\boldsymbol{L_m = L_b\,(n_g - 2)} \text{ kg Mischluft/1 kg Brennstoff.} \quad\ldots \text{(75)}$$

Für W kg Wasserentziehung und B_0' kg Brennstoffverbrauch i. d. Std. wird die gesamte Mischluftmenge

$$\boldsymbol{L_m' = L_b\,B_0'\,(n_g - 2)} \text{ kg Mischluft}/W \text{ kg Wasserentz. u. Std. (75a)}$$

Das gesamte Volumen der Mischluft ergibt sich analog Gl. 73 aus der Beziehung:

$$V_m = \frac{L_b\,B_0'\,(n_g - 2)\,(273 + t_a)}{1{,}293 \cdot 273} \text{ cbm/std.} \quad\ldots\ldots \text{(76)}$$

oder

$$\boldsymbol{V_m = 0{,}002\,83\,L_b\,B_0'\,(n_g - 2)\,(273 + t_a)} \text{ cbm Mischluft i. d. Std. (76a)}$$

Hiernach sind die Querschnitte der Frischluftöffnungen zu berechnen, wobei eine Luftgeschwindigkeit von etwa 12 bis 17 m/sec zugrunde gelegt werden kann.

Durch Division der Gl. 75 durch Gl. 72 gelangt man noch zu dem **Verhältnis des Mischluftgewichtes zum Verbrennungsluftgewicht**

$$\frac{L_m}{L_R} = \frac{L_b \, (n_g - 2)}{2 \, L_b},$$

oder

$$\frac{L_m}{L_R} = \frac{n_g - 2}{2} \quad \ldots \ldots \ldots \ldots \ldots (77)$$

Das Verhältnis bleibt bestehen, wenn L_m und L_R durch L'_m und L'_R (Gl. 75a und 72a) ersetzt werden.

In der gleichen Weise erhalten wir ferner das **Verhältnis des Mischluftvolumens zum Verbrennungsluftvolumen** (Gl. 76: Gl. 73):

$$\frac{V_m}{V_R} = \frac{n_g - 2}{2} \quad \ldots \ldots \ldots \ldots \ldots (77\,\text{a})$$

Beispiel 19.

Für einen Trockner, welcher mit direkten Koksgasen arbeitet, seien:

Gegeben: $t_a = 20^0$; $t_h = 148^0$; die Brennstoffanalyse (s. unten). $W = 240$ kg/std.; $l = 58$ kg; $\eta_0 = 0{,}85$; $Cg = 1770$ WE.

Gesucht: H_u; L_b; B_0'; L_g; V_R; V_m; n_g; f_r.

Die **Elementaranalysen des Brennstoffes:**

Kohlenstoff (C)	0,88	Gewichtsteile
Wasserstoff (H)	0,007	,,
Schwefel (S)	0,0086	,,
Sauerstoff (O)	0,014	,,
Freies Wasser (H_2O)	0,035	,,
Asche	0,0554	,,
	1,0000 (kg).	

Der Heizwert wird nach der sogenannten Verbandsformel ermittelt:

$$H_u = 8100 \, C + 29000 \left(H - \frac{O}{8} \right) + 2500 \, S - 600 \, (H_2O).$$

Hierin sind C, H, O, S und H_2O die Gewichtsanteile des betreffenden Stoffes auf 1 kg. Mit Benutzung der in der Analyse enthaltenen Gewichtsteile/1 kg wird:

$$H_u = 8100 \cdot 0{,}88 + 29000 \, (0{,}005\,25) + 2500 \cdot 0{,}0086 - 600 \cdot 0{,}035.$$

Es ergibt sich

$$H_u \cong 7322 \text{ WE}/1 \text{ kg Koks}.$$

(Die Verbandsformel ergibt den für technische Zwecke in Frage kommenden unteren Heizwert, welcher um die Verdampfungswärme des bei der Verbrennung entstehenden und aus dem freien Wasser (der Feuchtigkeit) sich bildenden Wasserdampfes kleiner ist als der obere Heizwert, der mit Hilfe des Kalorimeters ermittelt wird.)

Das theoretische Sauerstoffgewicht zur Verbrennung von 1 kg Brennstoff war (S. 75):

$$k_{O_2} = \frac{8}{3} \text{ C} + 8 \text{ H} - \text{O kg}.$$

Mit Benutzung der bekannten Werte folgt:

$$k_{(O_2)} = \frac{8}{3} \cdot 0{,}88 + 8 \cdot 0{,}007 - 0{,}014$$

$$k_{(O_2)} = 2{,}42 \text{ kg}.$$

Gemäß Gl. 66 sind zur Verbrennung theoretisch erforderlich

$$L_b = \frac{2{,}42}{0{,}232} \cong 10{,}4 \text{ kg Luft}/1 \text{ kg Koks}.$$

Der gesamte Luftüberschuß gegenüber der theoretischen Verbrennungsluftmenge L_b wird durch den Faktor n_g ausgedrückt. Aus Gl. 70a folgt:

$$n_g = \frac{0{,}85 \cdot 7322 - 0{,}238 \, (148 - 20)}{0{,}238 \, (148 - 20) \, 10{,}4}$$

$$n_g \cong 19{,}5.$$

Das Gesamtgewicht reiner Luft, welche für 1 kg Brennstoff zugeführt werden muß, um die Mischtemperatur t_h zu erreichen, ist somit:

$$n_g \, L_b = 19{,}5 \cdot 10{,}4 = 202{,}8 \text{ kg Luft}/1 \text{ kg Koks}.$$

Das Gewicht des Gas-Luftgemisches, das aus 1 kg Koks entsteht, folgt aus Gl. 68:

$$L_g = 1 + 19{,}5 \cdot 10{,}4 = 203{,}8 \text{ kg Gas-Luft}/1 \text{ kg Koks}$$

Mit Benutzung der Werte $Cg = 1770$; $H_u = 7322$ und $\eta_0 = 0{,}85$ ergibt sich der Brennstoffverbrauch für 1 kg Wasserentziehung nach Gl. 64

$$B_0 = \frac{1770}{7322 \cdot 0{,}85} = 0{,}285 \text{ kg Koks}/1 \text{ kg Wasserentziehung}.$$

Da das Luftgewicht/1 kg Wasserverdampfung $l = 58$ kg gegeben war, so hätten wir den Faktor n_g auch aus Gl. 71 ermitteln können

$$n_g = \frac{58 - 0,285}{0,285 \cdot 10,4} \cong 19,5 .$$

Da $W = 240$ kg Wasser stündlich zu verdampfen sind, so gelangen wir vermittels Gl. 65 zu dem gesamten Brennstoffverbrauch

$$B_0{}' = 240 \, \frac{1770}{7322 \cdot 0,85} = 68,4 \text{ kg Koks/Std.}$$

Das Volumen der Verbrennungsluft, welche durch die Rostspalten dringt, ergibt Gl. 73a. Mit $t_a = 20^0$, $L_b = 10,4$ kg und $B_0{}' = 68,4$ kg folgt:

$$V_R = 0,005\,65 \, (273 + 20) \, 10,4 \cdot 68,4 \cong 1180 \text{ cbm/std.}$$

Mit $v_r = 1,5$ m/sec wird die freie Rostfläche nach Gl. 74:

$$fr = \frac{1180}{3600 \cdot 1,5} \cong 0,22 \text{ qm.}$$

Die freie Rostfläche soll bei Steinkohle und Koks

$$^1/_3 \text{ bis } ^1/_2 \text{ der totalen Rostfläche}$$

betragen.

Mit $\dfrac{Fr}{fr} = {}^1/_3$ erhalten wir eine totale Rostfläche von:

$Fr = 0,22 \cdot 3 = 0,66 \cong 0,7$ qm. Auf 1 qm sind stündlich zu verbrennen:

$$\frac{68,4}{0,7} \cong 98 \text{ kg Koks.}$$

Das Volumen der Mischluft bei $t_a = 20^0$; $B_0{}' = 68,4$ kg, $L_b = 10,4$ kg; $n_g = 19,5$ wird gemäß Gl. 76a

$$V_m = 0,00283 \cdot 10,4 \cdot 68,4 \, (19,5 - 2) \, (273 + 20)$$
$$V_m \cong 10\,300 \text{ cbm/std.}$$

Der Gesamtquerschnitt der Frischluftöffnungen muß bei einer Luftgeschw. von 17 m/sec die Größe annehmen:

$$F_l = \frac{10\,300}{3600 \cdot 17} = 0,168 \cong 0,17 \text{ qm.}$$

Bei 0,6 m Länge wäre die Breite der Öffnnng z. B. $= \dfrac{0,17}{0,6} = 0,285$ m zu wählen.

Bei der Betrachtung der Elementaranalyse des Brennstoffes auf Seite 124 drängt sich die Frage auf, ob der darin enthaltene Wasserstoff, welcher mit dem Sauerstoff der Verbrennungsluft zu Wasserdampf verbrennt und das freie Wasser, d. h. die im Koks enthaltene

Feuchtigkeit, einen Einfluß auf die Wasseraufnahmefähigkeit der Trockenluft auszuüben vermögen. Der Wasserstoff verbrennt zu H_2O, dem sog. Verbrennungswasser, dessen Gewicht die folgende Betrachtung erkennen läßt:

Das Molekulargewicht des Wasserstoffes (H_2) ist $= 2$, dasjenige des Sauerstoffes $(O_2) = 32$. Die Verbindung dieser beiden zweiatomigen Gase, H_2O, besteht nun offenbar aus einem kg-Molekül Wasserstoff und $^1/_2$ kg-Molekül Sauerstoff. Das resultierende Molekulargewicht des Wasserdampfes (H_2O) ist somit:

$$2 + \frac{32}{2} = 18.$$

Es verbinden sich also bei der Verbrennung 2 kg H_2 mit 16 kg O_2 zu 18 kg H_2O.

Daraus folgt, daß aus einem kg H_2 bei der Verbrennung

$$9 \text{ kg } H_2O$$

entstehen.

Enthält also 1 kg Koks, wie im Beispiel 19, 0,007 kg H_2, so entstehen aus 1 kg des Brennstoffes

$$0,007 \cdot 9 = 0,063 \text{ kg } H_2O$$

(Verbrennungswasser).

Der Koks besitzt nun (s. S. 79) außerdem noch $3^1/_2 \ ^0/_0$ freies Wasser (Feuchtigkeit) als unverbrennbaren Bestandteil. Es müssen folglich in den Feuergasen noch weitere

$$0,035 \text{ kg } H_2O/1 \text{ kg Brennstoff}$$

auftreten.

Das Gesamtgewicht des Wasserdampfes, welches aus 1 kg Koks herstammt, ist somit:

$$0,063 + 0,035 = 0,098 \text{ kg } H_2O.$$

Unter den im Beispiel 19 gemachten Voraussetzungen entstehen nun jedoch

$$L_b = 203,9 \text{ kg Heißluft aus 1 kg Brennstoff.}$$

Darin befinden sich

$$n_g L_b \cdot d_a \text{ kg}$$

Wasserdampf, welchen die Frischluft mitbringt. Ist nun die Temperatur derselben $t_a = 20^0$ und nimmt man vollkommene Sättigung an, so kommen auf 1 kg dieser Luft nach Tabelle I, Spalte 4

$$d_a = 0,0147 \text{ kg Wasser.}$$

Mit $n_g L_b = 202,8$ kg (s. Beispiel 19) beträgt also das Gesamtgewicht des Wasserdampfes, welches aus der Frischluft herstammt, für `1 kg Koks

$$202,8 \cdot 0,0147 \eqsim 3 \text{ kg Wasser.}$$

Hierzu kommen noch 0,098 kg Wasserdampf infolge des H_2-Gehaltes und der Feuchtigkeit des Brennstoffes.

Es sind dies

$$\frac{0,098}{3} \cdot 100 \eqsim 3,27\,^0/_0$$

vom ursprünglichen Wassergehalt der Frischluft.

Dieser geringe Mehrbetrag ist ohne jeden praktischen Einfluß und kann bei der Berechnung der für eine bestimmte Wasserentziehung erforderlichen Luftmenge außer acht gelassen werden. Hätte man z. B. mit einer relativen Feuchtigkeit der Frischluft von $70\,^0/_0$ gerechnet, so würde das mitgeführte Wassergewicht

$$= 202,8 \cdot 0,0102 \eqsim 2,08 \text{ kg}$$

anzunehmen sein (s. Tabelle I, Spalte 21, $d_a = 0,0102$). Der Unterschied beträgt dann bereits

$$\frac{3 - 2,08}{3} \cdot 100 \eqsim 33^1/_3\,^0/_0.$$

Der Einfluß der stets veränderlichen Luftfeuchtigkeit ist offenbar so bedeutend, daß diesem gegenüber der H_2- und H_2O-Gehalt des vorliegenden Brennstoffes nicht in Betracht kommen kann.

Es ist nunmehr leicht, Untersuchungen, die denselben Zweck verfolgen, auch für beliebige andere Verhältnisse anzustellen. Bei sehr feuchten Brennstoffen (z. B. Braunkohle) und geringen Luftmengen für 1 kg Wasserentziehung kann es sich herausstellen, daß der H_2- und H_2O-Gehalt eine nachträgliche Korrektur der Trockenluftmenge fordert.

n) Bildliche Darstellung des Wärmeverbrauches.

Wir hatten gesehen, daß die Gesamtwärme bei Trocknern mit außenliegendem Lufterhitzer den Wert

$$C_g = 0,238\,(t_h - t_a)\,l$$

(Gl. 48) besitzt. Offenbar kann man diesen Ausdruck durch ein Rechteck darstellen, dessen eine Seite (vgl. Fig. 18) AB gleich dem Faktor l und dessen andere Seite AA_1 gleich dem Faktor $0,238\,(t_h - t_a)$ ist. Der Inhalt dieses Rechteckes AA_1B_1B ist sodann das Produkt aus der Luftmenge l in kg und der Wärmemenge $0{,}238\,(t_h - t_a)$, welche die Temperaturerhöhung von 1 kg dieser Luft von $t_a{}^0$ auf $t_h{}^0$ bewirkt. Die Strecke $A\,B$, welche das Luftgewicht für 1 kg Wasserverdampfung bedeutet, und die Strecke $A A_1$, welche die Wärmezufuhr für 1 kg Luft vorstellt, können in einem beliebigen Maßstabe aufgetragen werden.

Da nun (s. Gl. 42) auch

$$C_g = C_D + C_M + C_v + C_a$$

ist, so muß das Rechteck $A A_1\,B_1 B$ die Wärmeflächen für C_D, C_M, C_v und C_a einschließen.

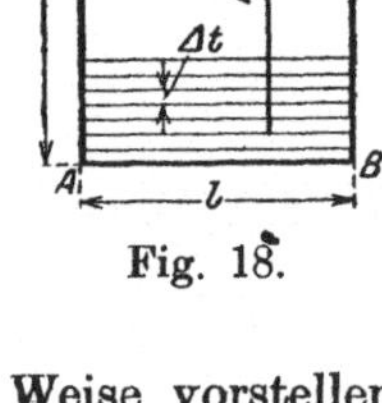

Fig. 18.

Um eine klare Anschauung von der relativen Größe dieser Werte zu gewinnen, ist es nötig, jeden einzelnen durch eine Wärmefläche darzustellen. Denken wir uns die Gesamtwärme C_g durch stufenweise Erhitzung der Luftmenge entstanden, so, daß etwa eine jedesmalge Zunahme um $0{,}238\,\Delta t$ WE erfolge, bis der Höchstwert $0{,}238\,(t_h - t_a)$ erreicht ist, so könnten wir uns auch den Abkühlungsvorgang in der umgekehrten Weise vorstellen. (Vgl. Fig. 18.) Würden hierbei die Wärmemengen C_v, C_M, C_D und C_a der Reihe nach abgegeben werden, und nimmt man an, die entsprechenden Endtemperaturen seien hierbei $t_h{}'$, $t_n{}'$, t_n und t_a, so folgt mit $0{,}238 = c$:

1. $c\,(t_h - t_h{}')\,l = C_v$
2. $c\,(t_h{}' - t_n{}')\,l = C_M$
3. $c\,(t_n{}' - t_n)\,l = C_D$
4. $c\,(t_n - t_a)\,l = C_a$.

Die Rechtecke mit der gemeinschaftlichen Grundlinie l, welche durch die vorstehenden vier Gleichungen bestimmt sind, bilden zusammen die Wärmefläche $A A_1 B_1 B$ (Fig. 18). Trägt man nun die Werte $c\,t_h$, $c\,t_h{}'$, $c\,t_n{}'$, $c\,t_n$ und $c\,t_a$ von der Nullinie (Fig. 19) auf der Vertikalen $A A_5$ ab und zieht zwischen $A A_5$ und $B B_5$ im Abstande l die Horizontalen $A_1 B_1$, $A_2 B_2$, $A_3 B_3$, $A_4 B_4$ und $A_5 B_5$, so erhält man die Rechtecke I, II, III und IV, deren Inhalte gleich den Wärmemengen C_a, C_D, C_M, und C_v sind. Die stark umrandete Fläche $A_2 A_4 B_4 B_2$ stellt die innerhalb des Trockners nutzbar abgegebene Wärme C_n dar.

Für Apparate, welche mit direkten Feuergasen arbeiten, lassen sich auch die Ofenverluste C_0 zeichnerisch leicht wiedergeben.

Wir hatten im Abs. m gesehen, daß der Brennstoffverbrauch für 1 kg Wasser (Gl. 64)

$$B_0 = \frac{C_g}{H_u\,\eta_0}$$

war. Die Wärmemenge, welche vom Brennstoff zu liefern ist, hat also die Größe

$$C_B = \frac{C_g}{\eta_0}\cdot$$

Nun kann man offenbar die eigentlichen Ofenverluste durch folgende Beziehung ausdrücken:

$$C_0 = (1 - \eta_0)\,C_B.$$

Mit

$$C_B = \frac{C_g}{\eta_0} = \frac{c\,(t_h - t_a)\,l}{\eta_0}$$

wird

$$C_0 = (1 - \eta_0)\,\frac{c\,(t_h - t_a)\,l}{\eta_0}$$

oder

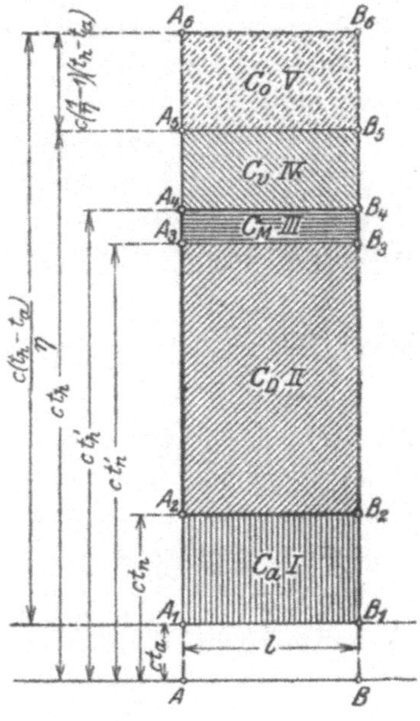

Fig. 19.

$$C_0 = c\left(\frac{1}{\eta_0} - 1\right)(t_h - t_a)\,l \ \ \mathrm{WE}/1 \ \mathrm{kg} \ \mathrm{Wasserentz.} \ \ . \ \ . \ (78)$$

Man kann jetzt noch das Rechteck V hinzufügen, dessen Basis $= l$ und dessen Seitenlänge $= c\left(\frac{1}{\eta_0} - 1\right)(t_h - t_a)$ ist (Fig. 19). Wir erhalten dann gleichzeitig mit der Fläche $A_1 A_6 B_6 B_1$ die Brennstoffwärme C_B.

Die bildliche Darstellung wird nun an Anschaulichkeit nicht verlieren, wenn man statt l den konstanten Wert 0,238 l als Basis der Rechtecke wählt und auf der Vertikalen die Temperaturen t_h, t_h', t_n', t_n und t_a abträgt. Diese können, soweit sie nicht gegeben sind, leicht aus den 4 Gleichungen auf S. 84 berechnet werden.

Die Wärmeflächen zu den Anwendungsbeispielen Fig. 21, 22 und 23 im Abs. o sind nach der letzteren Methode gezeichnet worden.

Etwas anders gestalten sich nun die Verhältnisse bei Trocknern mit innenliegender Heizfläche. Hier können wir keine stufenweise Abkühlung der auf eine gewisse Höchsttemperatur gebrachten Luftmenge annehmen, denn es wird die innerhalb des Trockners nötige Wärme unmittelbar von der Heizfläche abgegeben. Wir haben vorerst das Luftgewicht l von t_a auf t_n^0 zu erwärmen, d. h. $c(t_n - t_a)\,l$ WE aufzuwenden. Da nun die Abluft den Trockner mit der Temperatur t_n verläßt, so gibt uns dieser Ausdruck gleichzeitig den Abluftwärmeverlust C_a an. Stellen wir uns vor, die Luftmenge l werde nunmehr innerhalb des Trockners mehrere Male von t_n^0 auf eine etwas höhere Temperatur, etwa t_x, erwärmt, um darauf sogleich die zugeführte Wärme an die Feuchtigkeit, das Material, die Wandungen usw. abzugeben, so erhalten wir bei jedem Intervall eine Wärmezufuhr und Wärmeabfuhr von der Größe

$$c\,(t_x - t_n)\,l.$$

Wiederholt sich der angenommene Vorgang y mal, so wird:

$$\Sigma c\,(t_x - t_n)\,l = y\,l\,(t_x - t_n)\,c = C_D + C_M + C_v = n\,C_n \quad . \quad . \quad (79)$$

Mit Hilfe dieser Beziehung haben wir jetzt die Möglichkeit, auch für Trockner mit innenliegender Heizfläche die relativen Größen der Wärmemengen C_D, C_M und C_v zeichnerisch darzustellen, wie dies in Fig. 20 geschehen ist. Die kleinen Vierecke $B_2 C\,aa_1$; $aa_1\,bb_1$; $cc_1\,dd_1$ und $dd_1\,FF_1$ zeigen die bei jedem der gedachten y Intervalle abgegebene Wärmemengen, während der Inhalt des Rechtecks

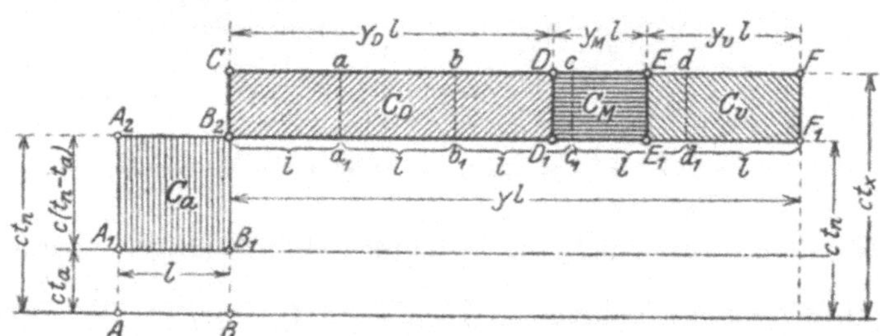

Fig. 20.

$B_2 C F F_1 = C_D + C_M + C_v = n\,C_n$ ist (vgl. S. 84 u. 85). Die Wärmefläche $A_1 A_2 B_2 B_1$ stellt den Abluftwärmeverlust $C_a = c\,(t_n - t_a)\,l$ dar; die stark umrandete Fläche $B_2 C E E_1$ ist die nutzbar abgegebene Wärme $C_n = C_D + C_M$.

Um nun die Länge der Strecke $F F_1$ bzw. $B_2 C$ zu bestimmen, nimmt man für y eine beliebige ganze Zahl an und berechnet hierauf analog Gl. 46 t_x aus:

$$t_x = \frac{n\,C_n}{c\,y\,l} + t_n \quad . \quad . \quad . \quad . \quad . \quad . \quad . \quad . \quad (80)$$

Zur Ermittlung der Punkte $D D_1$ und $E E_1$ brauchen wir y_D und y_M (vgl. Fig. 20).

Es muß sein:

$$y_D\,l\,c\,(t_x - t_n) = C_D$$

und

$$y_M\, lc\,(t_x - t_n) = C_M,$$

woraus folgt

$$y_D = \frac{C_D}{c\,(t_x - t_n)\,l}$$

und

$$y_M = \frac{C_M}{c\,(t_x - t_n)\,l}.$$

Ferner ist noch (s. Fig. 20)

$$y_v = \frac{C_v}{c\,(t_x - t_n)\,l}.$$

Es sei noch erwähnt, daß die bildliche Darstellung der Wärmemengen, wie sie vorstehend erläutert worden ist, lediglich auf Abs. k und l Bezug hat; die Wärmeflächen sind also nicht identisch mit dem „Wärmeinhalt" der Luft, von welchem Abs. p ausführlich handelt.

Die zeichnerische Darstellung der Einzelwärmemengen gibt stets eine äußerst klare Vorstellung von dem Werte eines Trockners. Bei Verwendung gleicher Maßstäbe bietet sich die Möglichkeit, Apparate verschiedener Bauart in übersichtlicher Weise miteinander zu vergleichen und auf einen Blick die Größe des Wärmeaufwandes für 1 kg Wasserverdampfung, sowie der Verluste im Verhältnis zur Nutzwärme oder auch zur Gesamtwärme zu erkennen.

Würde nach jeder Prüfung des Trockners eine Zusammenstellung der Wärmemengen nach Fig. 19 vorgenommen werden, so müßten Unstimmigkeiten zwischen der Brennstoffwärme C_B und der Gesamtwärme Cg, die sich aus der gemessenen Luftmenge und den Temperaturen der Außenluft und Heißluft ergeben, sogleich bemerkt werden[1]).

o) Anwendungsbeispiele.

Beispiel 20.

Für einen Schachttrockner mit Koksofen seien gegeben:
1. Leistung $Q = 1,5$ tons Feuchtgut/Std.,
2. Raumgewicht des Materials $s = 0,5$ tons/cbm,
3. Trockendauer $T = 1$ Std.,
4. Spezifische Wärme der Trockensubstanz $c_0 = 0,4$,

---

[1]) Es haben Prüfungsberichte in verschiedenen Werken Aufnahme gefunden, bei denen ganz erhebliche Fehler unterlaufen sind. So fand der Verfasser bei der Nachrechnung der Ergebnisse in dem einen Falle $C_B = 1580$ WE/1 kg Wasser, während die Gesamtwärme nach der gemessenen Luftmenge $Cg = 4700$ WE betrug. Im Gegensatz hierzu war nach einem anderen Bericht $C_B = 7000$ WE/1 kg Wasser und $Cg = 3900$ WE.

5. Gesamtwassergehalt des Feuchtgutes $p_a = 21\,{}^0/_0$,

6. Endwassergehalt des Trockengutes $p_t = 6\,{}^0/_0$,

7. Temperatur der Außenluft $t_a = 20^0$,

8. Sättigungsgrad der Außenluft $x_a = 1$,

9. Heißlufttemperatur $t_h = 150^0$,

10. Mittlerer Sättigungsgrad der Abluft $x_n = 0{,}25\ (25\,{}^0/_0)$,

11. Temperatur des zulaufenden Feuchtgutes $t_e = 15^0$,

12. Temperatur des ausfließenden Trockengutes $t_M = 80^0$,

13. Verlustzahl $n = 1{,}6$,

14. Barometerstand $q = 760\ \text{mm}\ Hg$,

15. Der Gesamtdruckunterschied des Ventilators $h = 80\ \text{mm}$
WS,

16. Heizwert des Brennstoffes $H_u = 7322$ WE,

17. Wirkungsgrad des Ofens $\eta_0 = 0{,}85$.

Gesucht:

1. Der nutzbare Inhalt des Trockners J in cbm,

2. Die erforderliche Wasserentziehung in Proz. vom Feuchtgut $p_e\ ({}^0/_0)$,

3. Die gesamte Wasserentziehung/Std. W kg/std.,

4. Die spezifische Wärme des Trockengutes c_M,

5. Die Ablufttemperatur t_n (Mittelwert),

6. Dampferzeugungswärme C_D WE/1 kg Wasser,

7. Materialwärme C_M WE/1 kg Wasser,

8. Verlustwärme C_v WE/1 kg Wasser,

9. Abluftwärme C_a WE/1 kg Wasser,

10. Gesamtwärme Cg WE/1 kg Wasser,

11. Brennstoffwärme C_B WE/1 kg Wasser,

12. Ofenverlustwärme C_0 WE/1 kg Wasser,

13. Brennstoffverbrauch für 1 kg Wasser B_0 und für W kg
Wasser B_0',

14. Freie Rostfläche f_r und gesamte Rostfläche F_r (qm),

15. Volumen der Mischluft V_m cbm/std.,

16. Volumen der Abluft bei $t_n^{\;0}\,V_n'$ cbm/W kg Wasserentziehung,

17. Volumen der Heißluft bei $t_h^{\;0}\,V_h'$ cbm/W kg Wasserentziehung,

18. Sättigungsgrad der Abluft beim Eintritt in den Ventilator $x_{n_{(e)}}$, wenn die Temperatur daselbst $t_{n_{(e)}} = 45^0$.

Der nutzbare Inhalt des Trockners wird nach Gl. 14c, S. 22:

$$J = \frac{1{,}5 \cdot 1}{0{,}5} = 3\ \text{cbm}.$$

Die erforderliche Wasserentziehung ergibt Gl. 17, S. 32:

$$p_e = \frac{100\,(21-6)}{100-6} = 16\,{}^0/_0 \text{ vom Feuchtgut.}$$

Die gesamte Wasserentziehung/Std. ist deshalb:

$$W = 0{,}16 \cdot 1500 = 240 \text{ kg/Std.}$$

Die spezifische Wärme des Trockengutes folgt aus Gl. 16, S. 31:

$$c_M = 0{,}4 + \frac{6}{100}\,(1-0{,}4) = 0{,}436.$$

Ablufttemperatur t_n. Mit $\lambda = 640$ (s. S. 59) wird die Dampferzeugungswärme gemäß Gl. 35:

$$C_D = 640 - 15 = 625 \text{ WE/1 kg Wasser.}$$

Das Gewicht an Trockengut bezogen auf 1 kg Wasser ergibt Gl. 37 a, S. 53:

$$G_t' = \frac{1500}{240}\,\frac{100-16}{100} = 5{,}25 \text{ kg Trockengut/1 kg Wasserentz.}$$

Als Materialwärme erhalten wir nach Gl. 36, S. 53:

$$C_M = 0{,}436\,(80-15)\,5{,}25 \simeq 150 \text{ WE/1 kg Wasserentz.}$$

Mit Benutzung der bekannten Werte gelangen wir gemäß Gl. 45 a (s. auch Gl. 39 a) zu der Beziehung:

$$\frac{t_h - t_n}{d_n - d_a} = \frac{1{,}6\,(625 + 150)}{0{,}238} \simeq 5170.$$

t_h war $= 150^0$ und es ist nach Tabelle I für $t_a = 20^0$ und $x_a = 1$ $d_a = 0{,}0147$, somit folgt:

$$\frac{150 - t_n}{d_n - 0{,}0147} = 5170.$$

Der Sättigungsgrad der Abluft sollte $x_n = 0{,}25$ sein. Berechnet man unter dieser Voraussetzung d_n für verschiedene Werte von t_n (s. Abschn. I) oder bestimmt man d_n durch Interpolation aus Tabelle I, so gelangt man durch versuchsweises Einsetzen schließlich zu angenäherter Übereinstimmung der beiden Seiten obiger Gleichung, wenn

$$t_n \simeq 60^0 \quad \text{und} \quad d_n \simeq 0{,}032$$

werden. Wir erhalten:

$$\frac{150 - 60}{0{,}032 - 0{,}0147} \simeq 5200.$$

Dieser Wert stimmt genügend genau mit dem geforderten überein.

Wir erhalten nunmehr für $t_n = 60°$ nach Tabelle III $\lambda = 622,8$ WE, und somit als **Dampferzeugungswärme** (Gl. 35)

$$C_D = 622,8 - 15 \simeq 610 \text{ WE/1 kg Wasserentz.}$$

Die Nutzwärme ist nach Gl. 38:

$$C_n = 610 + 150 = 760 \text{ WE.}$$

Aus Gl. 40 bzw. 40a folgt die **Verlustwärmemenge:**

$$C_v = (1,6 - 1) \cdot 760 \simeq 460 \text{ WE/1 kg Wasserentz.}$$

Gemäß Gl. 19 ist das Gewicht des trockenen Teiles der Abluft:

$$l = \frac{1}{0,032 - 0,0147} \simeq 58 \text{ kg/1 kg Wasserentz.}$$

Aus Gl. 41 erhalten wir den **Abluftwärmeverlust:**

$$C_a = 0,238\,(60 - 20)\,58 \simeq 550 \text{ WE/1 kg Wasserentz.}$$

Mit Benutzung der gefundenen Werte ist nach Gl. 46 die **wirkliche Heißlufttemperatur:**

$$t_h = \frac{1,6 \cdot 760}{0,238 \cdot 58} + 60 \simeq 148° \text{ C.}$$

Als **Gesamtwärme** ergibt sich nach Gl. 48:

$$C_g = C_D + C_M + C_v + C_a = 0,238\,(148 - 20)\,58 \simeq 1770 \text{ WE/1 kg}$$
$$\text{Wasserentz.}$$

Mit $\eta_0 = 0,85$ ist die **vom Brennstoff zu liefernde Wärmemenge** (s. a. S. 85):

$$C_B = \frac{1770}{0,85} \simeq 2080 \text{ WE/1 kg Wasserentz.}$$

Die **Ofenverluste** sind nach S. 85:

$$C_0 = (1 - 0,85)\,2080 \simeq 310 \text{ WE/1 kg Wasserentz.}$$

Die Werte B_0, B_0', f_r und F_r, sowie V_m sind die gleichen, wie die im Beispiel 19 gefundenen, nämlich:

Brennstoffverbrauch für 1 kg Wasserentziehung:

$$B_0 = 0,285 \text{ kg/1 kg Wasser.}$$

Brennstoffverbrauch für W kg Wasserentziehung und Stunde:

$$B_0' = 68,4 \text{ kg/} W \text{ kg Wasser u. Std.}$$

Freie Rostfläche:

$$f_r = 0,22 \text{ qm.}$$

Totale Rostfläche:

$$F_r = 0,7 \text{ qm.}$$

Mischluftvolumen bei $t_a = 20^0$, wenn $t_h = 148^0$ werden soll (s. Bsp. 19):

$$V_m \cong 10\,300 \text{ cbm/std.}$$

Zur Verdampfung von $W = 240\,\text{kg}$ Feuchtigkeit sind nach Gl. 19a:

$$L = 240 \cdot 58 = 13\,920 \text{ kg Luft/std.}$$

nötig.

Das spez. Gewicht des trockenen Teiles der Abluft erhalten wir analog Gl. 5a, Abschn. I, für $q = 760\,\text{mm Hg}$ und $q_{d_{(n)}} = 0{,}25 \cdot 149{,}5 \cong 37{,}4\,\text{mm Hg}$:

$$\gamma_{l_{(n)}} = 1{,}293 \,\frac{760 - 37{,}4}{760} \cdot \frac{273}{273 + 60} = 1{,}01 \text{ kg/cbm.}$$

Das Stundenvolumen der Abluft ist deshalb (Gl. 21a):

$$V_n' = \frac{13\,920}{1{,}01} \cong 13\,800 \text{ cbm/std.}$$

Der Kraftbedarf des Ventilators möge für dieses Volumen als mittlere Leistung ermittelt werden; es folgt mit $h = 80\,\text{mm WS}$ und $\eta = 0{,}5$:

$$N = \frac{13\,800 \cdot 80}{3600 \cdot 0{,}5 \cdot 75} = 8{,}2 \text{ PS}_e \quad (\text{s. S. } 39{-}40).$$

Es liegt hierin eine gewisse Sicherheit, da, der Annahme zufolge, die Luft sich auf dem Wege zum Ventilator auf 45^0 abkühlen soll. Bei dieser Zustandsänderung wird der Wassergehalt d_n bezogen auf 1 kg des trockenen Anteils der Luft seinen Wert behalten. Es war $d_n = 0{,}032\,\text{kg}$ für $t_n = 60^0$ und $x_n = 0{,}25$; desgleichen wird auch für $t_{n_{(e)}} = 45^0$ und $x_{n_{(e)}}$, welches bestimmt werden soll, $d_n = 0{,}032\,\text{kg}$ sein.

Wir finden nun in Tabelle I, Spalte 31, für $t = 45^0$ und $x = 0{,}5$:

$$d = 0{,}0310 \text{ kg,}$$

und können deshalb mit genügender Genauigkeit die **relative Feuchtigkeit der Abluft beim Eintritt in den Ventilator** $(t_{n_e} = 45^0)$ zu $50^0/_0$ annehmen (s. auch Beispiel 3 und 6, S. 10 u. 15).

Bemerkung:

Wenn im vorstehenden Beispiel $t_M = 80^0$, also größer als die Ablufttemperatur, angenommen worden ist, so hat man sich zu erinnern, daß t_n bei Schachttrocknern einen Mittelwert aus den in verschiedenen Zonen herrschenden Temperaturen darstellt. t_M kann man als diejenige Temperatur betrachten, bei welcher eine gewollte Wirkung (etwa die des Röstens usw.) hervorgebracht wird, oder als die zulässige Temperatur, bei der eine Schädigung des Materials nicht zu erwarten steht. Die Druckhöhe h kann natürlich auch, nachdem der Vorentwurf vorliegt, leicht mit Hilfe der im Abs. i enthaltenen Erläuterungen berechnet werden.

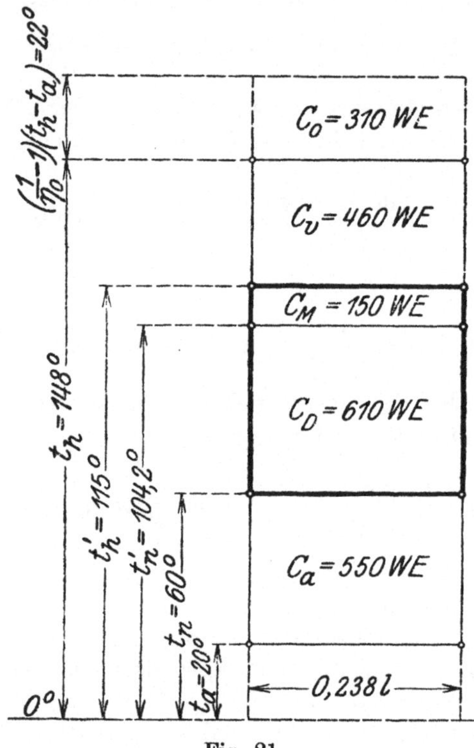

Fig. 21.

Es ist jetzt noch von Interesse, die Wärmebilanz aufzustellen:

1. Dampferzeugungswärme $C_D =$ 610 WE $=$ 29,30 %
2. Materialwärme . . . . $C_M =$ 150 „ $=$ 7,20 „
3. Verlustwärme . . . . $C_v =$ 460 „ $=$ 22,00 „
4. Abluftwärmeverlust . . $C_a =$ 550 „ $=$ 26,50 „
5. Ofenverlust . . . . . $C_0 =$ 310 „ $=$ 15,00 „

6. Brennstoffwärme . . . $C_B =$ 2080 WE $=$ 100,00 %.

Wir erhalten ferner noch das Verhältnis:

$$\frac{\text{Nutzwärme}}{\text{Brennstoffwärme}} = \frac{C_n}{C_B} = \frac{760}{2080} = 0,365.$$

Es ist hiernach mit einer Ausnutzung von 36,5 $^0/_0$ der im Brennstoff enthaltenen Wärme zu rechnen.

Fig. 21 ist gewissermaßen eine bildliche Darstellung der Wärmebilanz (siehe hierzu die Erörterungen im Abs. n).

Beispiel 21.

Für einen Gleichstrom-Trommeltrockner, welcher Gerste zu trocknen hat, soll die Berechnung für einen Dampf-Lufterhitzer, Kalorifer und Koksofen durchgeführt werden.

Es seien bekannt:

1. Leistung an Feuchtgut $G_f = 1000$ kg/std.,
2. Gesamtwassergehalt des Feuchtgutes $p_a = 18\ ^0/_0$,
3. Endwassergehalt des Trockengutes $p_t = 10\ ^0/_0$,
4. Zulässige Materialtemperatur: a) $t_M = 35^0$, b) $t_M = 45^0$,
5. Spezifische Wärme der Trockensubstanz $c_0 = 0,37$,
6. Temperatur des zulaufenden Gutes $t_e = 15^0$,
7. Temperatur der Außenluft $t_a = 15^0$,
8. Sättigungsgrad der Außenluft $x_a = 1$ ($100\ ^0/_0$),
9. Barometerstand $q = 760$ mm Hg,
10. Verlustzahl $n = 1,6$,
11. Gesamtdruckunterschied des Ventilators $h = 60$ mm WS.

Für den Dampflufterhitzer:

12. Spannung des Heizdampfes am Erhitzer $p = 5$ kg/qcm absol.,
13. Heizwert des Brennstoffes, der unter dem Kessel verfeuert wird $H_u = 7000$ WE,
14. Wirkungsgrad der Kesselanlage $\eta_k = 0,7$.

Für den Kalorifer:

15. Wirkungsgrad des Kalorifers $\eta_c = 0,6$,
16. Heizwert des Brennstoffes $H_u = 7000$ WE.

Für den Koksofen:

17. Wirkungsgrad des Ofens $\eta_0 = 0,85$,
18. Heizwert des Brennstoffes $H_u = 7000$ WE.

Gesucht:

1. Sättigungsgrad der Abluft x_n,
2. Temperatur der Abluft t_n,
3. Erforderliche Wasserentziehung in Prozenten vom Feuchtgut $p_e\ ^0/_0$,
4. Die gesamte Wasserentziehung W kg/std.,
5. Spezifische Wärme des Trockengutes c_M,
6. Luftmenge l kg/1 kg Wasser,
7. Luftmenge L kg/W Wasser und Std.

   8. Dampferzeugungswärme C_D WE/1 kg Wasser,
   9. Materialwärme C_M WE/1 kg Wasser,
  10. Verlustwärme C_v WE/1 kg Wasser,
  11. Abluftverlustwärme C_a WE/1 kg Wasser,
  12. Heißlufttemperatur t_h^0 C,
  13. Gesamtwärme C_g WE/1 kg Wasser,
  14. Volumen der Abluft V_n' cbm/std.,
  15. Volumen der Heißluft V_h' cbm/std.,
  16. Kraftverbrauch des Ventilators.

Für den Dampflufterhitzer:

  17. Heizfläche F_D qm,
  18. Dampfverbrauch des Lufterhitzers D_W kg/std.,
  19. Brennstoffverbrauch B_k kg/std.

Für den Kalorifer:

  20. Heizfläche F_c qm,
  21. Brennstoffverbrauch B_c kg/std.

Für den Koksofen:

  22. Brennstoffwärme C_B WE/1 kg Wasser,
  23. Ofenverluste C_0 WE/1 kg Wasser,
  24. Freie Rostfläche f_r und totale Rostfläche F_r (qm),
  25. Volumen der Mischluft V_m cbm/std.,
  26. Brennstoffverbrauch B_0 und B_0'.

a) Die Temperatur des Trockengutes sei $t_M = 35^0$.

Temperatur und Sättigungsgrad der Abluft.

Wir hatten unter c) die Möglichkeit erörtert, von der Ablufttemperatur t_n auf die Materialtemperatur t_M zu schließen. In umgekehrter Weise können wir nun offenbar bei gegebenem t_M zu t_n gelangen.

Laut Aufgabe soll $t_M = 35^0$ sein. Würde die Abluft die gleiche Temperatur (35^0) besitzen, so dürfte ihr Sättigungsgrad bei einem Endwassergehalt des Gutes von $p_t \simeq 10\,^0/_0$ nach Tabelle Fig. 1, S. 24

$$x = 0{,}519$$

nicht überschreiten. (Wie im Abs. b erläutert, lassen wir Tabelle Fig. 1 zur Bestimmung von x auch für Temperaturen über 34^0 C gelten.)

Die Teilspannung der Feuchtigkeit in der Abluft, welche sodann gleich dem Drucke der über Gerste von 35^0 sich bildenden Dämpfe wäre, dürfte nicht größer sein als

$$0{,}519 \cdot q_s^{(35^0)} = 0{,}519 \cdot 42{,}1 = 21{,}8 \text{ mm Hg.}$$

Im Interesse einer lebhaften Verdampfung (vgl. S. 29) wollen wir jedoch als zulässige Teilspannung der Dämpfe in der Abluft

$$q_d \simeq 17 \text{ mm Hg}$$

ansetzen. Es ist nunmehr leicht, aus Tabelle I (Anhang) eine beliebige Temperatur t_n zu finden, welcher bei einem bestimmten Sättigungsgrad x_n eine Dampfspannung $q_d \simeq 17$ mm Hg entspricht. Da eine Wärmeabgabe an das Material zu erfolgen hat, so muß das zu wählende t_n erheblich größer sein als t_M. Wir erhalten mit $t_n = 49^0$ eine Dampfspannung von

$$q_d = 17{,}61 \text{ mm Hg},$$

wenn $x_n = 0{,}2$ ($20\,^0/_0$) angenommen wird. (S. Tabelle I, Sp. 46).

Erforderliche Wasserentziehung (Gl. 17, S. 32):

$$p_e = \frac{100\,(18 - 10)}{100 - 10} = 8{,}9\,^0/_0.$$

Gesamte Wasserentziehung:

$$W = 0{,}089 \cdot 1000 = 89 \text{ kg/std.}$$

Spezifische Wärme des Trockengutes (Gl. 16, S. 31):

$$c_M = 0{,}37 + \frac{10}{100}\,(1 - 0{,}37) = 0{,}433.$$

Luftmenge l für 1 kg Wasserentziehung:

Für $t_n = 49^0$ und $x_n = 0{,}2$ folgt nach Tabelle I, Sp. 48:

$$d_n \simeq 0{,}0148 \text{ kg}.$$

Für $t_a = 15^0$ und $x_a = 1$ wird nach Tabelle I, Sp. 4:

$$d_a = 0{,}0106 \text{ kg}.$$

Wir erhalten somit (Gl. 19, S. 35):

$$l = \frac{1}{0{,}0148 - 0{,}0106} = \frac{1}{0{,}0042}$$

$$l = 238 \text{ kg/1 kg Wasser.}$$

Luftmenge L für W kg Wasser/Std.:

$$L = 89 \cdot 238 \simeq 21\,180 \text{ kg/std.}$$

Dampferzeugungswärme:

Für $t_n = 49^0$ wird $\lambda = 618$ WE (Tabelle III) nach Gl. 35, S. 52 folgt:

$$C_D = 618 - 15 = 603 \text{ WE/1 kg Wasser.}$$

Materialwärme. Nach Gl. 37a ist:

$$G_t' = \frac{1000}{89} \cdot \frac{100 - 8,9}{100} \simeq 10 \text{ kg Trockengut/1 kg Wasser.}$$

Nach Gl. 36, S. 53 wird somit:

$$C_M = 0,433\,(35 - 15) \cdot 10 \simeq 87 \text{ WE.}$$

Verlustwärme (Gl. 40, 40a, S. 54):

$$C_v = (1,6 - 1)\,(603 + 87) \simeq 415 \text{ WE.}$$

Abluftwärmeverlust (Gl. 41, S. 54):

$$C_a = 0,238\,(49 - 15)\,238 \simeq 1925 \text{ WE.}$$

Heißlufttemperatur t_h (Gl. 46, S. 60):

$$t_h = \frac{1,6 \cdot 690}{0,238 \cdot 238} + 49 \simeq 68,5^0.$$

Gesamtwärme (Gl. 48, S. 61):

$$C_g = C_D + C_M + C_v + C_a = 0,238\,(68,5 - 15)\,238 \simeq 3030 \text{ WE.}$$

Volumen der Abluft:

Für $t_n = 49^0$ und $x_n = 0,2$ ist $\gamma_{l(n)} = 1,071$ kg/cbm (Tabelle I, Sp. 50). Aus Gl. 21a folgt:

$$V_n' = \frac{21180}{1,071} \simeq 20000 \text{ cbm/std.}$$

Volumen der Heißluft:

$$V_h' = V_n' \frac{273 + t_h}{273 + t_n} = 20000 \cdot \frac{273 + 68,5}{273 + 49} = 20000 \cdot 1,06$$

$$V_h' = 21200 \text{ cbm/std.}$$

b) Die Temperatur des Trockengutes sei $t_M = 45^0$.

Unter Benutzung des früheren Gedankenganges erhalten wir für $t_M = 45^0$ den Dampfdruck über Gerste:

$$q_M = 0,519 \cdot q_s^{(45^0)} = 0,519 \cdot 71,9 = 37,4 \text{ mm Hg.}$$

Zwecks Sicherung einer lebhaften Wasserabgabe an die Luft stellen wir die Forderung, daß der Teildruck des Dampfes in derselben $q_d = 25$ mm Hg nicht überschreiten solle. Wir wählen $t_n > t_M$ zu 60^0. Da $q_s^{(60^0)} = 149,5$ mm Hg ist, so würde mit $q_d = 25$ mm Hg

$$x_n = \frac{25}{149,5} \simeq 0,167 = 16,7 \text{ }^0/_0.$$

Wir entscheiden uns für $x_n = 15\,^0/_0$. Diesem entspricht für $t_n = 60^0$ nach Tabelle I, Sp. 53

$$q_d = 22{,}43 \text{ mm Hg}.$$

Genau wie unter a) ergeben sich nun:

$$p_e = 8{,}9\,^0/_0; \quad W = 89 \text{ kg/std.}, \quad c_M = 0{,}433; \quad G'_t = 10 \text{ kg}.$$

Für $t_n = 60^0$ und $x_n = 0{,}15$ ist (Tabelle I, Sp, 55)

$$d_n = 0{,}0190 \text{ kg}.$$

Für $d_a = 15^0$ und $x = 1$ (Tabelle I, Sp. 4):

$$d_a = 0{,}0106 \text{ kg}.$$

Somit wird:

$$l = \frac{1}{0{,}0190 - 0{,}0106} \approxeq 120 \text{ kg/1 kg Wasser}$$

und

$$L = 89 \cdot 120 = 10\,700 \text{ kg/std.}$$

Mit $\lambda = 622{,}8$ WE (Tabelle III, $t = 60^0$) wird:

$$C_D = 622{,}8 - 15 \approxeq 608 \text{ WE/1 kg Wasser,}$$
$$C_M = 0{,}433\,(45 - 15)\,10 \approxeq 130 \text{ WE/1 kg Wasser,}$$
$$C_v = (1{,}6 - 1)\,(608 + 130) \approxeq 442 \text{ WE/1 kg Wasser,}$$
$$C_a = 0{,}238\,(60 - 15) \cdot 120 \approxeq 1290 \text{ WE/1 kg Wasser.}$$

Die Heißlufttemperatur ist jetzt:

$$t_h = \frac{1{,}6 \cdot 738}{0{,}238 \cdot 120} + 60 = 101{,}_5^0 \text{ (rd. } 100^0 \text{ C)}.$$

Gesamtwärme:

$$C_g = 0{,}238\,(101{,}_5 - 15)\,120 \approxeq 2470 \text{ WE/1 kg Wasser.}$$

Volumen der Abluft:

Für $t_n = 60^0$ und $x = 0{,}15$ ist $\gamma_{l(n)} = 1{,}028$,

daher

$$V'_n = \frac{10\,700}{1{,}028} = 10\,400 \text{ cbm/Std.}$$

Volumen der Heißluft:

$$V'_h = V'_n \frac{273 + t_h}{273 + t_n} = 10\,400\,\frac{273 + 101}{273 + 60}$$

$$V'_h = 12\,000 \text{ cbm/Std.}$$

Trotz der höheren Ablufttemperatur und geringeren relativen Feuchtigkeit werden bei $t_M = 45^0$ als zulässige Temperatur des Trockengutes, der Wärmeverbrauch nur $\dfrac{2470}{3030} \cdot 100 = 81{,}5\,^0/_0$, und das Luft-

volumen bei $t_n^{\,0}$ $\dfrac{10400}{20000} \cdot 100 = 52\,^0/_0$ der für $t_M = 35^0$ ermittelten Werte.

Die weitere Rechnung wollen wir nur Fall b) durchführen $(t_M = 45^0)$.

Dampflufterhitzer:

Die Ausführung soll nach Fig. 15a und 15b erfolgen. Nach Tabelle IV ist die Temperatur des Heißdampfes bei $p = 5$ kg/qcm abs. $t_d \simeq 151^0$. Mit $t_a = 15^0$ wird (vgl. S. 66):

$$\delta_a = 151 - 15 = 136^0,$$

und für $t_k = 101^0$

$$\delta_h = 151 - 101 = 50^0.$$

Es folgt

$$\frac{\delta_h}{\delta_a} = \frac{50}{136} = 0{,}368\,(< 0{,}5).$$

Die Berechnung des mittleren Temperaturunterschiedes hat nach Gl. 54 bzw. Tabelle VIII zu erfolgen (vgl. S. 66). Mit Benutzung der letzteren erhalten wir durch Interpolation:

$$\delta_m = 0{,}636 \cdot 136 \simeq 86{,}5^0.$$

Für drei Rohrreihen und eine Luftgeschwindigkeit $v_l = 6$ m/sec finden wir in Tabelle VII

$$k = 56{,}5.$$

Die Heizfläche des Lufterhitzers erhält nach Gl. 55b, S. 68 die Größe:

$$F_D = 89\,\frac{2470}{56{,}5 \cdot 86{,}5} = 45 \text{ qm}.$$

Die latente Wärme des Heizdampfes ist (Tabelle IV):

$$r = 503 \text{ WE}.$$

Mit $y = 0{,}85$ erhalten wir aus Gl. 57 den Dampfverbrauch für 1 kg Wasserentziehung:

$$D = \frac{2470}{0{,}85 \cdot 503} = 5{,}77 \text{ kg/1 kg Wasserentziehung}.$$

Der Dampfverbrauch für $W = 89$ kg ist dann:

$$D_W = 89 \cdot 5{,}77 \simeq 515 \text{ kg/std}.$$

Nehmen wir an, der Dampf verlasse den Kessel mit $p_k = 5{,}5$ kg/qcm abs., der Niederschlag „w" in der Dampfleitung betrage $\sim 5\,^0/_0 = 0,05 \cdot 515 = \sim 26$ kg und das Kondensat vom Luft-erhitzer gelange, auf $t_k = 120^0$ abgekühlt, zurück in den Kessel, so ergibt sich ein stündlicher Brennstoffverbrauch ($H_u = 7000$, $\eta_k = 0,7$), nach Gl. 58:

$$B_k = \frac{(515 + 26)\,(656 - 120)}{7000 \cdot 0,7} = 59 \text{ kg/std.},$$

das sind $\sim 0,66$ kg Kohlen für 1 kg Wasserentziehung.

Kalorifer:

Nach Gl. 62a wird die Heizfläche:

$$F_c = 89 \cdot \frac{2470}{1000} = 220 \text{ qm}.$$

Mit $\eta_c = 0,6$ erhalten wir einen Brennstoffverbrauch (Gl. 63)

$$B_c = \frac{2470}{7000 \cdot 0,6} = 0,590 \text{ kg/1 kg Wasser}$$

und insgesamt:

$$B_c' = 89 \cdot 0,590 \simeq 52,5 \text{ kg/std.}$$

Koksofen:

Mit $\eta_0 = 0,85$ wird der Koksverbrauch nach Gl. 64

$$B_0 = \frac{2470}{7000 \cdot 0,85} = 0,415 \text{ kg/1 kg Wasser}$$

und insgesamt:

$$B_0' = 89 \cdot 0,415 = 37 \text{ kg Koks/Std.}$$

Die Brennstoffwärme ist (S. 85):

$$C_B = \frac{2470}{0,85} = 2900 \text{ WE/1 kg Wasser.}$$

Der Ofenverlust (S. 85):

$$C_0 = (1 - 0,85) \cdot 2900 = 430 \text{ WE/1 kg Wasser.}$$

Mit $L_b \simeq 10$ kg Verbrennungsluft/1 kg Koks (s. S. 80) erhalten wir das Stundenvolumen der Verbrennungsluft aus Gl. 73a wie folgt:

$$V_R = 0,00565\,(273 + 15)\,10 \cdot 37 \simeq 605 \text{ cbm/std.}$$

Wählen wir nun die Luftgeschwindigkeit zwischen den Rostspalten $v_r = 1,2$ m/sec, so wird die freie Rostfläche nach Gl. 74:

$$f_r = \frac{605}{3600 \cdot 1,2} = 0,140 \text{ qm}.$$

Es sei $f_r = 1/3$ der totalen Rostfläche, somit erhält die letztere die Größe:

$$F_r = 3 \cdot 0,140 = 0,42 \simeq 0,45 \text{ qm}.$$

7*

Zur Ermittlung des Mischluftvolumens brauchen wir den Luftüberschußfaktor n_g. Wir hatten gefunden: $l = 120$ kg; $B_0 = 0,415$ kg und $L_b = 10$ kg. Nach Gl. 71, S. 77 ergibt sich:

$$n_g = \frac{120 - 0,415}{0,415 \cdot 10} \cong 29.$$

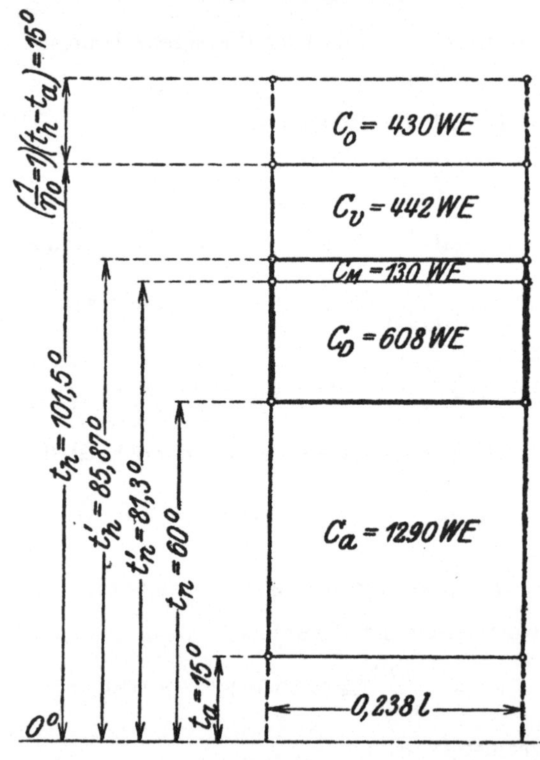

Fig. 22.

Mit Benutzung dieses Wertes wird nach Gl. 76a, S. 78

$$V_m = 0,00283 \cdot 10 \cdot 37 \, (29 - 2) \, (273 + 15)$$
$$V_m \cong 8200 \text{ cbm/std.}$$

Wärmebilanz (s. hierzu Fig. 22):

1. Dampferzeugungswärme .	$C_D =$	608 WE $\cong$	21	$^0/_0$
2. Materialwärme	$C_M =$	130 „ $\cong$	5	„
3. Verlustwärme	$C_v =$	442 „ $\cong$	14,50	„
4. Abluftverlust	$C_a =$	1290 „ $\cong$	44,50	„
5. Ofenverlust	$C_0 =$	430 „ $\cong$	15	„
6. Brennstoffwärme	$C_B =$	2900 WE = 100,00 $^0/_0$		

$$\frac{C_n}{C_B} = \frac{738}{2900} \cong 0{,}26 \,.$$

Der Kraftbedarf des Ventilators ist:

$$N = \frac{V_n' \cdot h}{3600 \cdot \eta \cdot 75} = \frac{10\,400 \cdot 60}{3600 \cdot 0{,}5 \cdot 75} \cong 4{,}6 \text{ PS}\,.$$

Es ist nun leicht, in gleicher Weise die Berechnung z. B. für $t_M = 50^0$ durchzuführen. Man erhält $l \cong 75$ kg, $C_g \cong 2100$ WE und $t_h \cong 133^0$. Infolge der hohen Eintrittstemperatur wäre ein Koksofen vorzusehen.

Beispiel 22.

Es ist ein Gleichstrom-Trommeltrockner zu berechnen, der sehr feuchtes Material (Rübenschnitzel u. dgl.) zu trocknen hat. Die Heißluft ist in einem Koksofen zu erzeugen.

Gegeben:

1. Leistung an Feuchtgut $G_f = 500$ kg/std.,
2. Gesamtwassergehalt des Feuchtgutes $p_a = 74\,^0/_0$,
3. Endwassergehalt des Trockengutes $p_t = 12\,^0/_0$,
4. Zulässige Materialtemperatur $t_M = 70^0$ C,
5. Spezifische Wärme des Trockengutes $c_M = 0{,}4$,
6. Temperatur des zulaufenden Gutes $t_e = 10^0$,
7. Temperatur der Außenluft $t_a = 10^0$,
8. Sättigungsgrad der Außenluft $x_a = 1$,
9. Barometerstand $q = 760$ mm Hg,
10. Temperatur der Abluft $t_n = 80^0$,
11. Sättigungsgrad der Abluft $x_n = 0{,}3$,
12. Verlustzahl $n = 1{,}3$,
13. Gesamtdruckunterschied des Ventilators $h = 60$ mm WS,
14. Wirkungsgrad des Ofens $\eta_0 = 0{,}85$,
15. Heizwert des Brennstoffes $H_u = 7000$ WE.

Gesucht:

1. Erforderliche Wasserentziehung in Prozenten des Feuchtgutes $p_e\,(^0/_0)$,
2. Gesamte Wasserentziehung W kg/std.,
3. Luftmenge l kg/1 kg Wasser,
4. Luftmenge L kg/W kg Wasser und Std.,
5. Dampferzeugungswärme C_D WE/1 kg Wasser,
6. Materialwärme C_M WE/1 kg Wasser,
7. Verlustwärme C_v WE/1 kg Wasser,
8. Abluftverlust C_a WE/1 kg Wasser,
9. Heißlufttemperatur t_h^0 C,

10. Gesamtwärme C_g WE/1 kg Wasser,
11. Volumen der Abluft V_n' cbm/std.,
12. Volumen der Heißluft V_h' cbm/std.,
13. Brennstoffwärme C_B WE/1 kg Wasser,
14. Ofenverlust C_0 WE/1 kg Wasser,
15. Brennstoffverbrauch für 1 kg und W kg Wasserentziehung, B_0 und B_0' (kg),
16. Freie und totale Rostfläche f_r und F_r (qm),
17. Mischluftvolumen V_m cbm/std.,
18. Sättigungsgrad der Abluft $x_{n_{(e)}}$ beim Eintritt in den Ventilator, wenn eine Abkühlung von $t_n = 80^0$ auf $t_{n_{(e)}} = 60^0$ erfolgt,
19. Kraftverbrauch des Ventilators bei $\eta = 0{,}4$.

Erforderliche Wasserentziehung (Gl. 17, S. 32):

$$p_e = \frac{100\,(74 - 12)}{100 - 12} = 70{,}5\ {}^0/_0.$$

Gesamte Wasserentziehung:

$$W = 0{,}705 \cdot 500 = 352{,}5 \text{ kg/std.}$$

Luftmenge/kg · Wasserentziehung:

Für $t_a = 10^0$ und $x_a = 1$ ist nach Tabelle I, Spalte 4:

$$d_a = 0{,}0076 \text{ kg.}$$

Für $t_n = 80^0$, $x_n = 0{,}3$ wird nach Tabelle I, Spalte 43:

$$d_n = 0{,}1025 \text{ kg.}$$

Nach Gl. 19, S. 35 folgt:

$$l = \frac{1}{0{,}1025 - 0{,}0076} \backsimeq 10{,}5 \text{ kg/1 kg Wasser.}$$

Luftmenge L für W kg Wasser/Std.:

$$L = 10{,}5 \cdot 352{,}5 \backsimeq 3700 \text{ kg/std.}$$

Dampferzeugungswärme:

Mit $\lambda = 631$ (Tabelle III, für 80^0) und $t_e = 10^0$ wird nach Gl. 35:

$$C_D = 631 - 10 = 621 \text{ WE/1 kg Wasser.}$$

Materialwärme. Nach Gl. 37a, S. 53 ist:

$$G_t' = \frac{500}{352{,}5} \cdot \frac{100 - 70{,}5}{100} = 1{,}42 \text{ kg/1 kg Wasser.}$$

Nach Gl. 36, S. 53 folgt:

$$C_M = 0{,}4\,(70 - 10)\,1{,}42 = 34 \text{ WE/1 kg Wasser.}$$

Verlustwärme (Gl. 40, 40a, S. 54):
$$C_v = (1{,}3 - 1)(621 + 34) = 195 \text{ WE}/1 \text{ kg Wasser.}$$

Abluftwärmeverlust (Gl. 41):
$$C_a = 0{,}238 (80 - 10) 10{,}5 = 175 \text{ WE}/1 \text{ kg Wasser.}$$

Heißlufttemperatur (Gl. 46, S. 60):
$$t_h = \frac{1 \cdot 3 \cdot (621 + 34)}{0{,}238 \cdot 10{,}5} + 80 = 420 \text{ }^0\text{C.}$$

Gesamtwärme (Gl. 48, S. 61):
$$C_g = C_D + C_M + C_v + C_a = 0{,}238 (420 - 10) 10{,}5$$
$$= 1025 \text{ WE}/1 \text{ kg Wasser.}$$

Volumen der Abluft (Gl. 21a, S. 38):

Für $t_n = 80^0$, $x_n = 0{,}3$ ist $\gamma_{l_{(n)}} = 0{,}859$ (Tabelle I, Spalte 45):

$$V_n{}' = \frac{3700}{0{,}859} = 4300 \text{ cbm/std.}$$

Volumen der Heißluft:

$$V_h{}' = 4300 \frac{273 + 420}{273 + 80} = 8450 \text{ cbm/std.}$$

Koksofen.

Brennstoffwärme (S. 85).

Mit $\eta_0 = 0{,}85$ ist:

$$C_B^{\cdot} = \frac{1025}{0{,}85} = 1210 \text{ WE}/1 \text{ kg Wasser.}$$

Ofenverlust (S. 85):
$$C_o = (1 - 0{,}85)(1210) \simeq 185 \text{ WE}/1 \text{ kg Wasser.}$$

Brennstoffverbrauch (Gl. 46):

$$B_0 = \frac{1025}{7000 \cdot 0{,}85} = 0{,}173 \text{ kg Koks}/1 \text{ kg Wasser}$$

und
$$B_0{}' = 352{,}5 \cdot 0{,}173 = 61 \text{ kg Koks/Std.}$$

Unter der Annahme, daß $L_b = 10$ kg Luft/kg Koks theoretisch benötigt werden (s. S. 80), erhalten wir das Volumen der Verbrennungsluft aus Gl. 73a wie folgt:

$$V_R = 0{,}005\,65 (273 + 10) 10 \cdot 61 \simeq 975 \text{ cbm/std.}$$

Freie Rostfläche (Gl. 74).

Mit $v_r = 1{,}2$ m/sec wird:

$$f_r = \frac{975}{3600 \cdot 1{,}2} = 0{,}226 \text{ qm.}$$

Es sei $f_r = \frac{1}{3}$ der totalen Rostfläche; dann wird
$$F_r = 3 \cdot 0,226 = 0,678 \simeq 0,7 \text{ qm}.$$

Mischluftvolumen.

Mit $l = 10,5$ kg, $B_0 = 0,173$ kg und $L_b = 10$ kg erhalten wir den Luftüberschußfaktor zur Erzeugung von $t_h = 420^0$ aus Gl. 71, S. 77:
$$n_q = \frac{10,5 - 0,173}{0,173 \cdot 10} \simeq 6.$$

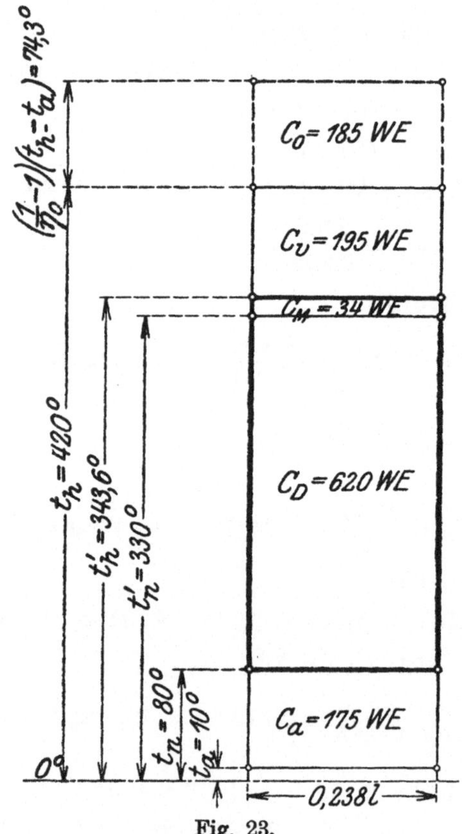

Fig. 23.

Nach Gl. 76a, S. 78, ist nunmehr:
$$V_m = 0,002\,83 \cdot 10 \cdot 61\,(6-2)\,(273+10)$$
$$V_m \simeq 1950 \text{ cbm/std}.$$

Sättigung der Abluft nach Abkühlung auf $t_{n(e)} = 60^0$.

Auch für $t_{n(e)} = 60^0$ ist $d_n = 0,1025$ kg.

Wir finden in Tabelle I, Spalte 21 für $t = 60^0$ und $x = 0,7$:
$$d_n = 0,0997 \simeq 0,1 \text{ kg}.$$

Mit ausreichender Genauigkeit können wir deshalb die relative Feuchtigkeit der Abluft beim Eintritt in den Ventilator mit $70\,^0/_0$ bezeichnen.

Kraftbedarf des Ventilators:

Wird derselbe für das Volumen $V_n{}'$ berechnet, so folgt:

$$N = \frac{4300 \cdot 60}{3600 \cdot 0{,}4 \cdot 75} = 2{,}4\ \mathrm{PS}.$$

Wärmebilanz (s. Fig. 23).

1. Dampferzeugungswärme $C_D =\ \ 621\ \mathrm{WE} =\ \ 51{,}50\,^0/_0$
2. Materialwärme . . . . $C_M =\ \ \ \ 34\ \text{„}\ \simeq\ \ \ 3{,}00\ \text{„}$
3. Verlustwärme . . . . $C_v =\ \ 195\ \text{„}\ =\ \ 16{,}00\ \text{„}$
4. Abluftverlust . . . . $C_a =\ \ 175\ \text{„}\ =\ \ 14{,}50\ \text{„}$
5. Ofenverlust . . . . . $C_0 =\ \ 185\ \text{„}\ =\ \ 15{,}00\ \text{„}$

6. Brennstoffwärme . . . $C_B = 1210\ \mathrm{WE} = 100{,}00\,^0/_0.$

$$\frac{C_n}{C_B} = \frac{655}{1210} \simeq 0{,}54.$$

1 kg Koks von 7000 WE Heizwert verdampft:

$$\frac{7000}{1210} \simeq 5{,}8\ \mathrm{kg\ Wasser}.$$

Beispiel 23.

Es soll ein vertikaler Trockner mit innerhalb liegender Heizfläche, die vom Material umlagert ist, berechnet werden.

Gegeben:

1. Leistung an feuchter Gerste $G_f = 1000\ \mathrm{kg/std.}$,
2. Anfangswassergehalt der Gerste $p_a = 20\,^0/_0$,
3. Endwassergehalt des Trockengutes $p_t = 3\,^0/_0$,
4. Zulässige bzw. verlangte Endtemperatur der Gerste $t_M = 80^0$,
5. Spezifische Wärme des Trockengutes $c_M = 0{,}39$,
6. Temperatur des zulaufenden Gutes $t_e = 30^0\ \mathrm{C}$,
7. Temperatur der Außenluft $t_a = 15^0$,
8. Sättigungsgrad der Außenluft $x_a = 1$,
9. Barometerstand $q = 760\ \mathrm{mm\ Hg}$,
10. Verlustzahl $n = 1{,}3$,
11. Gesamtdruckunterschied des Ventilators $h = 60\ \mathrm{mm\ WS}$,
12. Spannung des Heizdampfes $p = 5\ \mathrm{kg/qcm\ abs.}$,
13. Wärmedurchgangszahl $k = 20$,
14. Heizwert des unter dem Kessel zu verfeuernden Brennstoffes $H_u = 7000\ \mathrm{WE}$.

Gesucht:

1. Erforderliche Wasserentziehung in Prozenten des Feuchtgutes p_e $(^0/_0)$,
2. Gesamte Wasserentziehung W kg/std.,
3. Luftmenge für 1 kg Wasserentziehung l (kg),
4. Gesamte Luftmenge L (kg) für W kg Wasser und Std.,
5. Mittlere Temperatur der Abluft: t_n^0 C,
6. Mittlerer Sättigungsgrad der Abluft x_n,
7. Volumen der Abluft V_n' cbm/std.,
8. Dampferzeugungswärme C_D WE/1 kg Wasser,
9. Materialwärme C_M WE/1 kg „ ,
10. Verlustwärme C_v WE/1 kg „ ,
11. Abluftverlust C_a WE/1 kg „ ,
12. Gesamtwärme C_g WE/1 kg „ ,
13. Gesamte Heizfläche F_i qm,
14. Dampfverbrauch $D/1$ kg Wasserverdampfung,
15. Brennstoffverbrauch B_k kg/std.,
16. Kraftbedarf des Ventilators N.

Die Außenluft wird quer durch das Material gesaugt (Fig. 14) und nimmt Wärme auf. Hierbei kann die Temperatur der Abluft höchstens gleich der Materialtemperatur werden. Es sind nun bekannt: Anfangs- und Endtemperatur, sowie Anfangs- und Endwassergehalt der Gerste. Wir denken uns jetzt den Trockner in drei Elemente (Fig. 24) zerlegt und schätzen hierauf die Materialtemperatur und den Endwassergehalt am Ende einer jeden Stufe, so daß wir erhalten:

$$t_e = 30^0, \quad p_a = 20^0/_0;$$
$$t_M^I = t_n^I = 40^0, \quad p_t^I = 15^0/_0, \quad t_M^I = t_n^{II} = 50^0;$$
$$p_t^{II} = 10^0/_0; \quad t_M = t_n^{III} = 80^0; \quad p_t = 3^0/_0.$$

Als Mittelwerte für die Temperatur der Abluft und den Wassergehalt des Materials lassen wir gelten:

$$\text{(I)} \quad t_n^{(1)} = 35^0, \quad p_t^{(1)} = 17\tfrac{1}{2}^0/_0;$$
$$\text{(II)} \quad t_n^{(2)} = 45^0, \quad p_t^{(2)} = 12\tfrac{1}{2}^0/_0;$$
$$\text{(III)} \quad t_n^{(3)} = 65^0, \quad p_t^{(3)} = 6\tfrac{1}{2}^0/_0.$$

Nach der im Beispiel 21 unter a) und b) mitgeteilten Methode können wir nunmehr

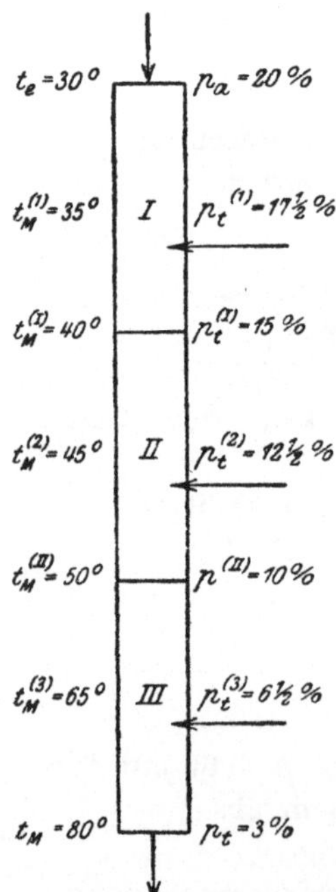

Fig. 24.

die zulässigen Sättigungsgrade der Abluft unter Benutzung der Tabelle Fig. 1, S. 24 leicht bestimmen:

Element I.

$$t_n^{(1)} = 35^0; \quad x_M^{(1)} \simeq 0{,}9; \quad q_M^{(1)} = 0{,}9 \cdot q_s^{(35^0)} = 0{,}9 \cdot 42{,}2 \simeq 38 \text{ mm Hg.}$$

Wir wählen

$$x_n^{(1)} = 0{,}6, \text{ folglich wird}$$
$$q_d^{(1)} = 0{,}6 \cdot 42{,}2 \simeq 27 \text{ mm Hg,}$$
$$d_n^{(1)} = 0{,}02145 \text{ kg.}$$

Element II.

$$t_n^{(2)} = 45^0; \quad x_M^{(2)} \simeq 0{,}662; \quad q_M^{(2)} = 0{,}662 \cdot q_s^{(45^0)} = 0{,}662 \cdot 72 \simeq 48 \text{ mm Hg.}$$

Wir wählen

$$x_n^{(2)} = 0{,}4 \text{ und erhalten:}$$
$$q_d^{(2)} = 0{,}4 \cdot 72 = 33 \text{ mm Hg,}$$
$$d_n^{(2)} = 0{,}0245 \text{ kg.}$$

Element III.

$$t_n^{(3)} = 65^0; \quad x_M^{(3)} \simeq 0{,}19; \quad q_M^{(3)} = 0{,}19 \cdot q_s^{(65^0)} = 0{,}19 \cdot 187{,}5 \simeq 36 \text{ mm Hg.}$$

Wir wählen:

$$x_n^{(3)} = 0{,}15 \text{ und erhalten:}$$
$$q_d^{(3)} = 0{,}15 \cdot 187{,}5 \simeq 28 \text{ mm Hg,}$$
$$d_n^{(3)} = 0{,}0240 \text{ kg.}$$

Unter der durch die Bauart bedingten Voraussetzung, daß durch jedes der drei Elemente die Luftmenge vom Gewicht L' geleitet werde, gelangen wir zu der Beziehung:

$$L' (d_n^{(1)} - d_a) + L' (d_n^{(2)} - d_a) + L' (d_n^{(3)} - d_a) = W.$$

Hieraus folgt:

$$L' = \frac{W}{(d_n^{(1)} + d_n^{(2)} + d_n^{(3)}) - 3 d_a}.$$

Es ist $d_n^{(1)} + d_n^{(2)} + d_n^{(3)} = 0{,}02145 + 0{,}0245 + 0{,}0240 = 0{,}070$ kg.

Für $t_a = 15^0$ und $x_a = 1$ wird $d_a = 0{,}0106$, somit

$$3 d_a = 0{,}0318.$$

$$L' = \frac{W}{0{,}07 - 0{,}0318} = \frac{W}{0{,}038} \text{ kg.}$$

Da nach Gl. 17

$$p_e = \frac{100 \, (20 - 3)}{100 - 3} = 17{,}55^0/_0$$

ist, so wird

$$W = 175{,}5 \ \text{kg/std.}$$

Wir erhalten:

$$L' = \frac{175{,}5}{0{,}038} = 4600 \ \text{kg/std.}$$

Die gesamte Luftmenge ist daher

$$L = 3 \cdot L' = 3 \cdot 4600 = 13\,800 \ \text{kg/std.}$$

Für 1 kg Wasserentziehung sind erforderlich:

$$l = \frac{13\,800}{175{,}5} = 78{,}5 \ \text{kg Luft.}$$

Als Gewichtsverlust infolge Wasserverdampfung ergibt sich:

Element I. $W^I \ \ = 4600 \ (0{,}02415 - 0{,}0106) \cong \ 50 \ \text{kg}$

Element II. $W^{II} \ = 4600 \ (0{,}0245 \ \ - 0{,}0106) \cong \ 64 \ \text{kg}$

Element III. $W^{III} = 4600 \ (0{,}0240 \ \ - 0{,}0106) \cong \ 61{,}5 \, \text{kg}$

Gesamte Wasserentziehung: $W = 175{,}5 \, \text{kg/std.}$

An Material durchlaufen den Trockner:

Beim Eintritt ... $G_f = 1000 \ \text{kg/std.}$

am Ende v. Elem.   I: $G_f^I = 1000 - 50 = 950 \ \text{kg/std.}$

„   „   „ Elem. II: $G_f^{II} = 950 - 64 = 886 \ \text{kg/std.}$

„   „   „ Elem. III: $G_f^{III} = 886 - 61{,}5 = 824{,}5 \ \text{kg/std.}$

Wir haben jetzt nachzuprüfen, ob der mittlere Wassergehalt, welcher sich aus den vorstehenden Zahlen ergibt, genügend genau mit dem angenommenen übereinstimmt.

Das Gewicht der Trockensubstanz ist mit $p_a = 20^0/_0$

$$G_0 = \frac{100 - 20}{100} \cdot 1000 = 800 \ \text{kg/std.}$$

Der Wassergehalt z. Anfang d. Elem.   I ist: $p_a = 20{,}00^0/_0$

„   „   a. Ende   d. Elem.   I ist: $p_t^I = 15{,}80^0/_0$

„   „   „   „   „   „   II ist: $p_t^{II} = 10{,}75^0/_0$

„   „   „   „   „   „   III ist: $p_t = \ 3{,}00^0/_0.$

Dies ergibt die folgenden Mittelwerte:

       Element I   Element II

In Wirklichkeit:

$$p_t^{(1)} = \frac{20 + 15{,}8}{2} = 17{,}9^0/_0 \qquad p_t^{(2)} = \frac{15{,}8 + 10{,}75}{2} = 13{,}275^0/_0$$

Angenommen:

$$p_t^{(1)} = 17{,}5^0/_0 \qquad\qquad\qquad p_t^{(2)} = 12\,{}^1/_2{}^0/_0.$$

Element III

In Wirklichkeit: $p_t^{(3)} = \dfrac{10{,}75 + 3}{2} = 6{,}87\,{}^0/_0$

Angenommen: $p_t^{(3)} = 6\,{}^1/_2\,{}^0/_0$.

Die geringen Abweichungen sind ohne Bedeutung.

Mittlere Temperatur der Abluft „t_n".

Ist c die spezifische Wärme der Luft, so muß sein

$$Lc\,(t_n - t_a) = L'c\,(t_n^{(1)} - t_a) + L'c\,(t_n^{(2)} - t_a) + L'c\,(t_n^{(3)} - t_a)$$

Durch Entwicklung erhalten wir die Beziehung:

$$t_n = \frac{L'\,(t_n^{(1)} + t_n^{(2)} + t_n^{(3)})}{L}.$$

Mit Benutzung der gefundenen Werte ergibt sich

$$t_n = \frac{4600\,(35 + 45 + 65)}{13\,800} \simeq 48^0\,\text{C.}$$

Mittlere Sättigung.

Wir hatten ermittelt, daß für 1 kg Wasserentziehung im Mittel

$$l = 78{,}5 \ \text{kg Luft}$$

gebraucht werden. Es beträgt deshalb die mittlere Wasseraufnahme für 1 kg Luft

$$\frac{1}{78{,}5} \simeq 0{,}012\,73 \ \text{kg.}$$

Hierzu kommt nun der ursprüngliche Wassergehalt der Außenluft

$$d_a = 0{,}0106 \ \text{kg,}$$

sodaß auf 1 kg des trockenen Teiles der Abluft

$$d_n = 0{,}012\,73 + 0{,}010\,6 = 0{,}023\,33 \ \text{kg}$$

Wasserdampf entfallen.

Da die mittlere Ablufttemperatur $t_n = 48^0$ ist, so bedeutet dieser Wassergehalt eine mittlere relative Feuchtigkeit von

$$\sim 30\,{}^0/_0$$

(s. Tabelle I, Sp. 43 für $t = 48^0$).

Das spezifische Gewicht ist nach Tabelle I $\gamma_{l_{(n)}} = 1{,}062$; wir erhalten somit das mittlere Volumen

$$V_n = \frac{78{,}5}{1{,}062} \simeq 74 \ \text{cbm}/1 \ \text{kg Wasser.}$$

Ferner wird:

$$V_n' = 175{,}5 \cdot 74 \simeq 13\,000 \ \text{cbm/std.}$$

Die Berechnung der Wärmemengen kann nunmehr in der bekannten Weise erfolgen.

Dampferzeugungswärme.

Für $t_n = 48^0$ ist $\lambda = 617$ WE (Tabelle III),

$$C_D = 617 - 30 = 587 \text{ WE}/1 \text{ kg Wasser.}$$

Materialwärme.

Mit $c_M = 0,39$ wird

$$C_M = 0,39 (80 - 30) \cdot 4,7 \backsimeq 92 \text{ WE}/1 \text{ kg Wasser}$$

$$\left(G_t' = \frac{824,5}{175,5} \backsimeq 4,7 \text{ kg Trockengut}/1 \text{ kg Wasserentz.} \right).$$

Verlustwärme.

Mit $n = 1,3$ erhalten wir

$$C_v = (1,3 - 1)(587 + 92) = 204 \text{ WE}/1 \text{ kg Wasser.}$$

Abluftverlust.

Mit $t_n = 48^0$ und $l = 78,5$ kg wird:

$$C_a = 0,238 (48 - 15) 78,5 = 615 \text{ WE}/1 \text{ kg Wasser.}$$

Gesamtwärme.

$$C_g = 587 + 92 + 204 + 615 = 1498 \text{ WE}/1 \text{ kg Wasser.}$$

Die Heizfläche muß stündlich abgeben:

$$175,5 \cdot 1498 \backsimeq 265\,000 \text{ WE.}$$

Für die Dampfspannung $p = 5$ kg/qcm abs. ergibt Tabelle IV die Dampftemperatur $t_d = 151^0$ C.

Wir erhalten (s. Abs. m):

$$\delta_h = 151 - 48 = 103^0$$
$$\delta_a = 151 - 15 = 136^0$$
$$\frac{\delta_h}{\delta_a} = \frac{103}{136} = 0,76 > 0,5.$$

Nach S. 66 kann somit als mittlere Temperaturdifferenz gelten (s. Gl. 52)

$$\delta_m = t_d - \frac{t_n + t_a}{2} = 151 - \frac{48 + 15}{2}$$

$$\delta_m = 119,5^0 \text{ C.}$$

Mit $k = 20$ folgt die Heizfläche:

$$F_i = \frac{265\,000}{20 \cdot 119,5} = 110 \text{ qm.}$$

Ein qm verdampft:

$$\frac{175,5}{110} \backsimeq 1,6 \ \text{kg Feuchtigkeit.}$$

Dampfverbrauch.

Mit $y = 0,9$ ergibt Gl. 57:

$$D = \frac{1498}{0,9 \cdot 503} = 3,3 \ \text{kg/1 kg Feuchtigkeit.}$$

In 1 Std. werden verbraucht

$$D_W = 175 \cdot 3,3 \backsimeq 580 \ \text{kg.}$$

Nimmt man $5\,^0/_0$ Leitungsverlust und $\frac{1}{2}$ kg/qcm Spannungsabfall an, so sind im Kessel

$$D_k = 580 + 0,05 \cdot 580 = 609 \ \text{kg Dampf/Std.}$$

von $5\frac{1}{2}$ kg/qcm abs. zu erzeugen.

Wird das Kondensat mit $t_k = 100^0$ zurückgeleitet, so erhalten wir mit $\lambda = 656$ WE ($p = 5,5$ kg/qcm abs.) und unter Annahme eines Kesselwirkungsgrades $\eta = 0,7$ den stündlichen Brennstoffver- verbrauch (Gl. 58, S. 70):

$$B_k = \frac{609 \ (656 - 100)}{0,7 \cdot 7000} = 69 \ \text{kg.}$$

Zur Verdampfung von 1 kg Feuchtigkeit sind nötig:

$$\frac{69}{175,5} \backsimeq 0,394 \ \text{kg Kohlen von 7000 WE Heizw.}$$

Kraftbedarf des Ventilators ($\eta = 0,5$). Es ist

$$N = \frac{13000 \cdot 60}{3600 \cdot 0,5 \cdot 75} = 5,8 \backsimeq 6 \ \text{PS.}$$

p) Bestimmung der Abluft- und Heißlufttemperaturen mit Hilfe des „Wärmeinhaltes" feuchter Luft.

Zur Ermittlung der Ablufttemperatur t_n und der Heißluft- temperatur t_h kann auch der sogenannte „Wärmewert" oder, besser ausgedrückt, der „Wärmeinhalt" der feuchten Luft benutzt werden. Im Gegensatz zu den früheren Berechnungen werden hierbei alle Werte auf 1 kg des trockenen Anteils der Luft, nicht auf 1 kg des zu verdampfenden Wassers bezogen.

Die Summe aus dem Wärmeinhalt des trockenen Teiles der Luft „i_1" und dem Wärmeinhalt „i_2" des Dampfgewichtes „d", das, wie wir im Abschnitt I gesehen haben, sich stets auf 1 kg des trockenen Anteils der feuchten Luft bezieht, gibt uns den Gesamtwärmeinhalt feuchter Luft, den wir „i" nennen wollen. Derselbe wird zwar ebenfalls auf 1 kg des trockenen Teiles der feuchten Luft bezogen, gilt aber in Wirklichkeit für die Gewichtsmenge

$$1 + d \text{ kg}.$$

Der Wert „i_1" stellt die zur Erwärmung von einem kg trockener Luft von 0^0 auf $t^0\,$C erforderliche Wärmemenge dar.

Es ist

$$i_1 = 0{,}238\ t \text{ WE} \quad\ldots\ldots\ldots \quad (81)$$

Da die spezifische Wärme der Luft (0,238) sich auf die Gewichtseinheit (1 kg) bezieht, so ist i_1 unabhängig von dem Zustande der Luft in bezug auf Spannung und Temperatur.

Es ist ferner der Wärmeinhalt des Dampfes vom Gewicht „d"

$$i_2 = J\,d \text{ WE.} \quad\ldots\ldots\ldots \quad (82)$$

Unter J verstehen wir diejenige Wärmemenge, welche 1 kg Wasser von 0^0 C in Dampf von $t^0\,$C überführen kann. Hierbei ist zu beachten, daß der letztere in vollkommen gesättigter Luft als „Sattdampf", in teilweise gesättigter Luft dagegen als „ungesättigter" oder überhitzter Dampf auftritt. Im ersten Falle wird

$$J = \lambda.$$

Es kann alsdann λ den Dampftabellen (III und IIIa Anhang) ohne weiteres entnommen werden, wenn die Dampftemperatur ($=$ Lufttemperatur) bekannt ist. Im zweiten Falle nimmt man an, es habe eine Überhitzung gesättigten Dampfes von der Teilspannung q_d und der diesem Drucke entsprechenden Temperatur t_d, stattgefunden, bis die Lufttemperatur t erreicht wurde. Mit Benutzung der auf S. 53 angegebenen Bezeichnungen, wird dann:

$$J = q_{(t_d)} + r_{(t_d)} + c_p (t - t_d) \text{ WE/1 kg Dampf.}$$

Der Wärmeinhalt überhitzten Dampfes läßt sich auch noch nach der bekannten Mollierschen Formel

$$J = 594{,}7 + 0{,}477\ t - \Im\,p$$

berechnen, worin bedeuten:

t Temperatur des überhitzten Dampfes in ^{0} C (hier $=$ Lufttemperatur),

$\Im$ einen Koeffizienten (vgl. „Hütte", 22. Aufl., S. 422),

p absolute Spannung des Dampfes in kg/qm.

Der Gesamtwärmeinhalt von $1 + d$ kg feuchter Luft ist somit

$$i = i_1 + i_2 = 0{,}238\,t + J\,d. \quad\ldots\ldots\ldots \quad (83)$$

Wird atmosphärische Luft, deren Feuchtigkeitsgehalt bei $t_a^{\ 0}$ C d_a kg beträgt, z. B. auf $t_h'^0$ erwärmt, so ist der Wärmeinhalt für ein kg dieser Luft bei $t_h'^0$:

$$i_{(h)} = 0{,}238\, t_h' + J_{(h)}\, d_a\ \mathrm{WE} \quad \ldots \ldots \quad (83\,\mathrm{a})$$

Der Wert J ist für t_h' zu ermitteln; der Wassergehalt d_a und der Dampfdruck $q_{d_{(a)}}$ bzw. $p_{(a)}$ bleiben bei der Erwärmung unverändert. Nimmt nun die warme, ungesättigte Luft beim Trocknungsvorgang d_w kg Wasserdampf auf, so sinkt ihre Temperatur auf $t_n'^0$. Die Wärmemenge, welche diesem Temperaturabfall entspricht, wird ausschließlich zur Verdampfung der Feuchtigkeit vom Gewicht d_w kg verbraucht, wenn keinerlei Verluste bei dem Trocknungsprozeß auftreten. Der Gesamtwärmeinhalt der feuchten Luft (immer bezogen auf 1 kg ihres trockenen Teiles) muß jedoch unverändert bleiben, weil der Wärmeinhalt des aufgenommenen Wasserdampfes vom Gewicht d_w bei der Temperatur t_n' gleich derjenigen Wärmemenge sein wird, welche die Heißluft bei der Abkühlung von t_h' auf t_n' abgegeben hat. Dies ist leicht einzusehen, wenn man sich klar macht, daß kein anderes Medium als die erwärmte Luft die Wasserverdampfung herbeigeführt hat und Nebenverluste nicht eintreten sollen. In der Abluft von der Temperatur t_n' befinden sich jetzt

$$d_n = d_w + d_a\ \mathrm{kg}$$

Feuchtigkeit, deren Teildruck $q_{d_{(n)}}$ ist. Bezeichnet $J_{(n)}$ den Wärmeinhalt für 1 kg des in der Abluft enthaltenen Dampfes, so ist der Gesamtwärmeinhalt der Luft:

$$i_{(n)} = 0{,}238\, t_n' + J_{(n)}\, (d_w + d_a)\ \mathrm{WE}/1\ \mathrm{kg\ Luft}, \quad . \ . \quad (83\,\mathrm{b})$$

oder

$$i_{(n)} = 0{,}238\, t_n' + J_{(n)}\, d_n\ \mathrm{WE}/1\ \mathrm{kg\ Luft} . \quad . \ . \ . \quad (83\,\mathrm{c})$$

Gleichzeitig ist auch

$$i_{(h)} = i_{(n)} .$$

Berechnet man den Wärmeinhalt „i" feuchter Luft für eine größere Anzahl verschiedener Zustände unter Annahme eines festen Barometerstandes und vereinigt die Zahlenwerte hierfür, zusammen mit dem entsprechenden Wassergehalt „d", zu einer Tabelle, so wird die Ablesung der gesuchten Abluft- oder Heißlufttemperaturen t_n' bzw. t_h', abgesehen von Interpolationen, ohne jede Rechnung ermöglicht. In der Tabelle V[1]) (Anhang) ist dies für Temperaturen von -10^0 bis $+200^0$ und für Sättigungsgrade von $x = 0{,}01$ bis $x = 1$ geschehen.

Beispiel 24.

Gegeben: $t_a = 10^0$; $x_a = 0{,}6$ $(60^0/_0)$; $d_a = 4{,}5$ g (Tabelle V, Spalte 15); $t_h = 90^0$; $x_n = 0{,}4$ $(40^0/_0)$.

---

[1]) „d" ist daselbst in Gramm angegeben worden.

Gesucht: t_n'.

Wir haben in Tabelle V den Wärmeinhalt der Luft bei $t_h = 90^0$ aufzusuchen und zu beachten, daß der Wassergehalt der Heißluft ebenfalls gleich $d_a = 4{,}5$ g sein muß. In Spalte 44 finden wir

$$i_{(h)} = 24 \text{ WE}/1 \text{ kg Luft}.$$

Gemäß unserer Aufgabe soll die Abluft eine relative Feuchtigkeit von $40^0/_0$ annehmen. Um die theoretische Ablufttemperatur t_n' zu ermitteln, haben wir lediglich in der Rubrik für $x = 0{,}4$ diejenige Temperatur aufzusuchen, bei welcher der Gesamtwärmeinhalt der Luft ebenfalls gleich 24 WE ist. Es zeigt sich, daß t_n' zwischen 40 und 45^0 liegen muß. Durch Interpolation folgt:

$$t_n' = 43^0 \text{ C}.$$

Der Gesamtwassergehalt der Abluft bei $t_n' = 43^0$ und $x_n = 0{,}4$ ist dann $d_n = 22{,}0$ g, sodaß ein kg Luft aufzunehmen vermag:

$$d_w = 22{,}0 - 4{,}5 = 17{,}5 \text{ g}.$$

Die zwangläufige Übereinstimmung von $i_{(h)}$ und $i_{(n)}$ ergibt also ein sehr einfaches Verfahren zur Bestimmung der Ablufttemperatur.

Sind umgekehrt die Ablufttemperatur und ihr Sättigungsgrad sowie der Wassergehalt d_a der Außenluft bekannt, so kann auch die erforderliche Heißlufttemperatur leicht aus Tabelle V abgelesen werden. Man hat sodann eine Temperatur aufzusuchen, bei welcher der Wärmeinhalt $i_{(h)} = i_{(n)}$ ist, wenn der Wassergehalt d_a kg beträgt. Mit Rücksicht auf die stets sehr kleinen Zahlenwerte des letzteren sind in Tabelle V i, d und q_d auch für die niedrigen Sättigungsgrade von $x = 0{,}01$ bis $0{,}05$ aufgenommen worden.

Bei dem oben erläuterten Verfahren gelten nun offenbar die Voraussetzungen, daß

1. die Erwärmung der zu verdampfenden Feuchtigkeit von 0^0 auf $t_n'^0$ erfolge, d. h. die Temperatur des Feuchtgutes $t_e = 0^0$ betragen habe;
2. der Trocknungsvorgang ohne Nebenverluste durch Strahlung usw. stattfinde und auch das Trockengut die Temperatur von 0^0 beibehalte.

Naturgemäß trifft weder das eine noch das andere zu, und es soll untersucht werden, in welchem Umfange die wirklichen Verhältnisse das Ergebnis der Rechnung beeinflussen. Wir bezeichnen im folgenden die **theoretisch** erforderlichen Temperaturen mit t_n' bzw. t_h' und die wirklichen mit t_n bzw. t_h.

Zunächst wird der verdampfenden Feuchtigkeit bei dem Temperaturabfall von t_h auf $t_n'^0$ nicht die Wärmemenge

$$J_{(n)}\, d_w$$

zugeführt, sondern nur die „Erzeugungswärme" des Dampfes von $t_n{}^0$
Sie beträgt bei einer Temperatur des zulaufenden Gutes von $t_e{}^0$

$$\lambda_{\ddot{u}}' = (J_{(n)} - t_e)\, d_w \; \text{WE}/1 \text{ kg Luft}.$$

Ist $t_e > 0^0$, so braucht man zur Verdampfung von d_w kg Wasser
weniger Wärme als wir ursprünglich angenommen hatten. Die
Abkühlung der Luft erfolgt somit in Wirklichkeit nicht auf $t_n'^0$,
sondern etwa auf t_n^0, wobei $t_n > t_n'$ sein muß. (Wir abstra-
hieren hier immer noch von den unter 2. genannten Wärmever-
lusten.)

Setzen wir die spezifische Wärme des Dampfes $= 0{,}475$, so
folgt die Beziehung:

$$0{,}238\,(t_n - t_n') + 0{,}475\,(t_n - t_n')\,d_a = J_{(n)}\,d_w - (J_{(n)} - t_e)\,d_w.$$

Somit wird:

$$(t_n - t_n')\,(0{,}238 + 0{,}475\,d_a) = t_e\,d_w \; \text{WE}/1 \text{ kg Luft}.$$

Hieraus ergibt sich:

$$t_n = \frac{t_e\,d_w}{0{,}238 + 0{,}475\,d_a} + t_n'.$$

Vernachlässigt man das stets sehr kleine Produkt $0{,}475\,d_a$, so wird:

$$t_n = \frac{t_e\,d_w}{0{,}238} + t_n'$$

oder

$$t_n \cong 4{,}2\,t_e\,d_w + t_n'. \quad \ldots \ldots \ldots \ldots \quad (84)$$

Beispiel 25.

Gegeben: $t_n' = 43^0$; $x_n = 0{,}4$; $d_n = 22$ g; $t_a = 10^0$; $x_a = 0{,}6$;
$d_a = 4{,}5$ g; $d_w = 17{,}5$ g; $t_e = 25^0$.

Gesucht: t_n; x_n (für t_n und t_n'); l.

Nach Gl. 84 ist:

$$t_n \cong 4{,}2 \cdot 25 \cdot 0{,}0175 + 43 = 44{,}87^0 \cong 45^0.$$

Infolge der Temperaturerhöhung bei gleichbleibendem Wassergehalt d_n
ändert sich auch die relative Feuchtigkeit. Für $t_n = 45^0$ und
$d_n = 22$ g wird

$$x_n \cong 0{,}34 \; (34^0/_0).$$

Die erforderliche Luftmenge ist nach Gl. 19

$$l = \frac{1}{0{,}0175} \cong 57 \; \text{kg}/1 \text{ kg Wasser}.$$

Würde man dagegen die Luftmenge so bemessen, daß die Ablufttemperatur t_n' bestehen bliebe, so könnte 1 kg Luft

$$\text{rd.} \quad \frac{t_e}{\lambda} \approx \frac{t_e}{640} \approx \frac{25}{640} = 0{,}039 \text{ kg}$$

Wasser mehr verdampfen. Folglich würden

$$d_n = 22 + 3{,}9 = 25{,}9 \text{ g}$$

und

$$d_w = 25{,}9 - 4{,}5 = 21{,}4 \text{ g}$$

werden.

Infolge der Vergrößerung der Wasseraufnahme für 1 kg Luft bei gleichbleibender Temperatur würde die relative Feuchtigkeit steigen und wir würden erhalten $(t_n' = 43^0)$

$$x_n \approx 0{,}47 \ (47^0/_0).$$

Die Luftmenge hätte das Gewicht:

$$l = \frac{1}{0{,}0214} \approx 47 \text{ kg}/1 \text{ kg Wasser}.$$

Die Vernachlässigung der Temperatur des Feuchtgutes führt zu etwas höheren Ablufttemperaturen und geringeren S ättigungsgraden; sie kann deshalb wohl im allgemeinen als statthaft angesehen werden.

Wir haben nunmehr zu untersuchen, welchen Einfluß die unter 2. (S. 114) genannten Wärmeverluste auszuüben vermögen. Man kann dieselben bei Trocknern mit außerhalb liegendem Lufterhitzer offenbar auf zweierlei Art decken:

$\alpha)$ durch Erhöhung der Heißlufttemperatur von t_h' auf t_h^0, wobei die Luftmenge unverändert bleibt;

$\beta)$ durch Vergrößerung der Trockenluftmenge bei gleichbleibender Temperatur t_h'.

Erlaubt die Wärmequelle eine Heraufsetzung der Heißlufttemperatur, so wird man vor allen Dingen sich dieses Mittels bedienen, und nur da, wo aus irgendwelchen Gründen t_h' nicht überschritten werden kann, zur Vergrößerung der Luftmenge greifen.

Zu $\alpha)$ Bezeichnet

$$C_v^{(l)} = \frac{C_v}{l} \text{ WE}/1 \text{ kg trockene Luft}$$

den Wärmeverlust (s. „k") bezogen auf 1 kg des trockenen Anteils der Luft und nehmen wir an, derselbe werde durch ein Temperaturgefälle von t_h auf $t_h'^0$ gedeckt, so muß sein:

$$0{,}238 \, (t_h - t_h') + 0{,}475 \, (t_h - t_h') \, d_a = C_v^{(l)} \text{ WE}/1 \text{ kg Luft}.$$

Hieraus folgt:

$$t_h = \frac{C_v^{(l)}}{0{,}238 + 0{,}475 \, d_a} + t_h'.$$

Wird das Produkt $0{,}475\, d_a$ vernachlässigt, so erhält man:

$$t_h = \frac{C_v^{(l)}}{0{,}238} + t_h'$$

oder

$$t_h \simeq 4{,}2\, C_v^{(l)} + t_h'. \quad\ldots\ldots\ldots \quad (85)$$

Will man die Temperatur des Feuchtgutes t_e berücksichtigen, so wird

$$t_h = 4{,}2\,(C_v^{(l)} - t_e\, d_w) + t_h'. \quad\ldots\ldots\ldots \quad (86)$$

Da im vorliegenden Fall t_h nach der gegebenen Ablufttemperatur t_n bestimmt werden soll (s. a. S. 114), so kennt man C_v und l, bevor zur Berechnung von t_h geschritten wird (vgl. Abschn. II, k S. 54 und l S. 59). Es sind somit auch die Werte $C_v^{(l)}$ und d_w stets bekannt.

Beispiel 26.

Gegeben: $t_a = 15^0$; $x_a = 1$; $d_a = 0{,}0106\ \text{kg}$; $t_n = 60^0$; $x_n = 0{,}15$; $d_n = 0{,}0190\ \text{kg}$; $l = 120\ \text{kg}$; $C_v = 422\ \text{WE}/1\ \text{kg Wasser}$; $i_{(n)} = i_{(h)} \simeq 26\ \text{WE}$; $d_w = d_n - d_a = 0{,}0084\ \text{kg}$.

Gesucht: t_h' und t_h.

Nach Tabelle V, Spalte 38 und 39, ist für $d_a = 10{,}6\ \text{g}$ und $i_{(h)} \simeq 26\ \text{WE}$

$$t_h' \simeq 85^0\,\text{C}.$$

Die wirklich erforderliche Heißlufttemperatur wird mit $C_v^{(l)} = \dfrac{422}{120}$ $= 3{,}52\ \text{WE}/1\ \text{kg Luft}$ nach Gl. 85

$$t_h \simeq 4{,}2 \cdot 3{,}52 + 85 = 14{,}8 + 85 \simeq 100^0\,\text{C}.$$

Der Gesamtwärmeaufwand wäre theoretisch:

$$0{,}238\,(85 - 15) = 16{,}7\ \text{kg WE}/1\ \text{kg Luft},$$

und praktisch:

$$0{,}238\,(100 - 15) = 20{,}2\ \text{WE}/1\ \text{kg Luft}.$$

Unter Berücksichtigung der Nebenverluste folgt somit, daß

$$\frac{20{,}2 - 16{,}7}{16{,}7} \cdot 100 \simeq 21\,^0/_0$$

mehr Wärme verbraucht wird als theoretisch erforderlich erscheint.

Die Wärmeverluste infolge Strahlung usw. beeinflussen die Lufttemperatur und den Wärmeverbrauch fast in allen Fällen so erheblich, daß sie nicht vernachlässigt werden dürfen.

Wird die theoretische Heißlufttemperatur mit Hilfe der Tabelle V bestimmt, so ist deshalb stets eine Berichtigung der ersteren in der oben erörterten Weise vorzunehmen.

Geht man andererseits von einer bestimmten Temperatur der eintretenden Luft aus und ermittelt nach Tabelle V „t_n“, so ist ebenfalls eine nachträgliche Korrektur der ursprünglich angenommenen Heißlufttemperatur durchzuführen, sofern hier nicht die Anwendung des unter β) erläuterten Verfahrens infolge der Beschaffenheit des Lufterhitzers nötig wird.

Zu β) Ist die Verlustwärme $C_v^{(l)}$ durch Vermehrung der Luftmenge zu decken, so wird man die Forderung aufstellen können, daß die Abluft ihren Sättigungsgrad nicht verändere. Die Bedingung ist, angesichts der nunmehr größeren Luftmenge, nur dann zu erfüllen, wenn die theoretische Ablufttemperatur t_n' auf die wirkliche t_n sinkt, während t_h unverändert bleibt.

Es bezeichne:

d_n' (kg) Wassergehalt, bezogen auf 1 kg des trockenen Teiles der Abluft bei der Temperatur $t_n'^0$ und der Sättigung x_n,

d_x (kg) Wassergehalt, bezogen auf 1 kg des trockenen Teiles der Abluft bei der Temperatur t_n^0 und derselben Sättigung x_n,

$C_v^{(l)}$ (WE) Wärmeverlust infolge Strahlung usw., bezogen auf 1 kg des trockenen Anteils der wirklichen Luftmenge,

l_x das neue Luftgewicht, welches an die Stelle von 1 kg trockener Luft tritt.

Da jetzt die Dampfmenge $d_w = d_n - d_a$ von dem vergrößerten Luftquantum l_x aufzunehmen ist, so wird die relative Feuchtigkeit nur bei jener bestimmten Temperatur t_n, welche kleiner als t_n' sein muß, den gleichen Wert annehmen können wie früher, als nur 1 kg Luft zur Aufnahme von d_w kg Dampf verfügbar war. Es muß sein:

$$l_x (d_x - d_a) = d_w,$$

woraus folgt

$$l_x = \frac{d_w}{d_x - d_a} \text{ kg Luft} \quad \ldots \ldots \ldots \ldots \quad (87)$$

Gemäß der gestellten Aufgabe muß der Unterschied zwischen einer Wärmemenge, welche durch Abkühlung von l_x kg Luft von t_h^0 auf t_n^0, und einer solchen, welche durch Abkühlung von 1 kg Luft von t_h^0 auf t_n^0 abgegeben wird, gleich $C_v^{(l)}$ sein:

$$[0{,}238\, l_x (t_h - t_n) + 0{,}475\, l_x d_a (t_h - t_n)]$$

$$- [0{,}238 (t_h - t_n) + 0{,}475 (t_h - t_n) \cdot d_a] = C_v^{(l)}$$

$$(t_h - t_n)(0{,}238\, l_x - 0{,}238 + 0{,}475\, l_x d_a - 0{,}475\, d_a) = C_v^{(l)}$$

$$(t_h - t_n)(l_x - 1)(0{,}238 + 0{,}475\, d_a) = C_v^{(l)}$$

$$l_x = \frac{C_v^{(l)}}{(t_h - t_n)\,(0{,}238 + 0{,}475\,d_a)} + 1 \quad \text{kg.} \quad . \ . \quad (88)$$

Unter Vernachlässigung des Produktes 0,475 d_a wird

$$l_x = \frac{C_v^{(l)}}{0{,}238\,(t_h - t_n)} + 1 \quad \text{kg} \quad . \ . \ . \ . \ . \quad (88\,\text{a})$$

oder

$$l_x \cong 4{,}2\,\frac{C_v^{(l)}}{t_h - t_n} + 1 \quad \text{kg} . \ . \ . \ . \ . \ . \ . \quad (88\,\text{b})$$

Da wir die zur Verdampfung von 1 kg Feuchtigkeit unter Berücksichtigung der Verlustwärme C_v (s. S. 54 Gl. 40a) nötige Luftmenge l' vorläufig nicht kennen, so ist $C_v^{(l)}$ nicht ohne weiteres gegeben.

Offenbar ist:

$$C_v^{(l)} = \frac{C_v}{l'}$$

und

$$l' = \frac{1}{d_x - d_a} \quad \text{(s. Gl. 19).}$$

Wir erhalten demnach

$$C_v^{(l)} = C_v\,(d_x - d_a).$$

Mit Benutzung dieser Beziehung geht Gl. 88b über in

$$l_x = 4{,}2\,\frac{C_v\,(d_x - d_a)}{t_h - t_n} + 1\,\text{kg}. \ . \ . \ . \ . \ . \quad (89)$$

Durch Gleichsetzung (Gl. 87 und 89) folgt:

$$\frac{d_w}{d_x - d_a} = 4{,}2\,\frac{C_v\,(d_x - d_a)}{t_h - t_n} + 1\,.$$

Hieraus ergibt sich durch Entwicklung:

$$\frac{t_h - t_n}{d_x - d_a}\left(\frac{d_w}{d_x - d_a} - 1\right) = 4{,}2\,C_v. \ . \ . \ . \quad (90)$$

Die vorstehende Gleichung enthält nun zwei Unbekannte, t_n und d_x. Da für die Abhängigkeit des Wassergehaltes von der Temperatur kein Gesetz bekannt ist, so sind die beiden Seiten der Gl. 90 durch versuchsweises Einsetzen von t_n und d_x in Übereinstimmung zu bringen.

Hierbei ist zu beachten, daß d_x für denselben Sättigungsgrad x_n gilt wie d_n $(d_w = d_n - d_a)$. Erst nachdem d_x auf diese Art gefunden worden ist, kann l_x aus Gl. 87 berechnet werden. Die theoretische Ablufttemperatur und mit ihr d_n' erhält man in der im Beispiel 24 erläuterten Weise aus Tabelle V.

Beispiel 27.

Gegeben: $t_a = 15^0$; $x_a = 1$; $d_a = 0{,}0106\ \text{kg}$; $x_n = 0{,}15$; $t_h = 100^0$; $C_v = 422\ \text{WE}/1\ \text{kg Wasserverdampfung}$.

Gesucht: $t_n{}'$; $d_n{}'$; t_n; d_x und l_x.

Durch Interpolation erhalten wir aus Tabelle V für $t_h = 100^0$, $d_a = 0{,}0106$:

$$i_h \cong 29\ \text{WE},$$

und ferner für $x_n = 0{,}15$:

$$t_n \cong 63^0; \qquad d_n{}' = 0{,}0222\ \text{kg}.$$

Somit wird:

$$d_w = 0{,}0222 - 0{,}0106 = 0{,}0116\ \text{kg}.$$

Mit Einsetzung der bekannten Werte in Gl. 90 folgt:

$$\frac{100 - t_n}{d_x - 0{,}0106}\left(\frac{0{,}0116}{d_x - 0{,}0106} - 1\right) = 4{,}2 \cdot 422 \cong 1770.$$

Durch versuchsweises Einsetzen verschiedener Zahlenwerte für t_n und d_x gelangt man zu angenäherter Übereinstimmung der beiden Seiten vorstehender Gleichung, wenn $t_n \cong 60^0$ und $d_x = 0{,}0190\ \text{kg}$ (für $x_n = 0{,}15$) werden. Bei dieser Ablufttemperatur beträgt die relative Feuchtigkeit $15^0/_0$, wie verlangt.

Die wirkliche Luftmenge ergibt nun Gl. 87:

$$l_x = \frac{0{,}0116}{0{,}019 - 0{,}0106} = 1{,}38\ \text{kg},$$

während theoretisch, d. h. ohne Rücksicht auf den Wärmeverlust $C_v^{(l)}$, 1 kg Luft zur Aufnahme von $d_w = 0{,}0116\ \text{kg}$ Dampf erforderlich wäre. Der Mehrverbrauch an Luft beträgt also $38^0/_0$, während die Ablufttemperatur von 63^0 auf 60^0 sinkt.

Es muß jetzt:

$$l_x(d_x - d_a) = d_n - d_a = d_w$$

sein. Wir erhalten:

$$1{,}38\,(0{,}0190 - 0{,}0106) = 0{,}0222 - 0{,}0106$$

oder

$$1{,}38 \cdot 0{,}0084 = 0{,}0116,$$

die obige Bedingung ist also erfüllt.

Um 1 kg Wasser zu verdampfen, sind erforderlich: theoretisch

$$l = \frac{1}{d_n - d_a} = \frac{1}{0{,}0222 - 0{,}0106} \cong 87\ \text{kg Luft},$$

und in Wirklichkeit

$$l = \frac{1}{d_x - d_a} = \frac{1}{0{,}0190 - 0{,}0106} = 120\ \text{kg Luft}.$$

Bei der Berechnung der Luftmenge ist in den meisten Fällen die Vernachlässigung der Wärmeverluste infolge Strahlung usw. nicht zulässig.

Die Ermittlung von l mit Hilfe des Wärmeinhaltes der Luft führt offenbar zu noch umständlicheren Rechnungen, wie bei dem im Abs. 1 unter α (s. Gl. 45a) mitgeteilten Verfahren [1]).

Beispiel 28.

In einem Heißlufttrockner mit außerhalb liegendem Lufterhitzer sollen $G_f = 1000$ kg Gerste in der Stunde getrocknet werden.

Gegeben:

$$p_a = 18\,^0/_0; \quad p_t = 8\,^0/_0; \quad t_h = 100^0$$

zulässige Temperatur des Materials $t_M = 50^0$ C; $t_a = 14^0$; $x_a = 1$; $d_a = 0,01$ kg und $t_e = 14^0$.

Es ist zu untersuchen, ob für die vorliegenden Verhältnisse ein Schachttrockner oder ein Gleichstrom-Trommeltrockner in bezug auf Luft- und Wärmeverbrauch günstiger arbeiten wird.

a) Schachttrockner (Fig. 25). Wir denken uns den Trockner in drei Elemente zerlegt (vgl. auch Beispiel 23, Fig. 24) und schätzen den Wassergehalt am Ende der ersten und zweiten Stufe, sodaß wir erhalten:

$$p_a = 18\,^0/_0; \quad p_t^I = 13\,^0/_0; \quad p_t^{II} = 10\,^0/_0, \quad p_t = 8\,^0/_0.$$

Als Mittelwerte des Wassergehaltes der Gerste ergeben sich:

$$\text{Für Element I: } p_t^{(1)} = 15\,^0/_0,$$
$$\text{„ „ II: } p_t^{(2)} = 11\tfrac{1}{2}\,^0/_0,$$
$$\text{„ „ III: } p_t^{(3)} = 9\,^0/_0.$$

Analog der im Beispiel 21a) und b) benutzten Methode haben wir nunmehr den zulässigen Sättigungsgrad der Abluft nach Tabelle Fig. 1, S. 24, zu bestimmen, wobei wir voraussetzen, daß die Ablufttemperatur ca. 34^0 C nicht unterschreite.

Element I.   Für $p_t^{(1)} = 15\tfrac{1}{2}\,^0/_0$ wird $x^{(1)} = 0,74$.

Wir wählen $x_n^{(1)} = 0,4$ $(40\,^0/_0)$.

---

[1]) Bei der Berechnung der Luftmenge, der Ablufttemperatur, des Sättigungsgrades usw. mit Hilfe des „Wärmeinhaltes" feuchter Luft wird man sich in den meisten Fällen nur auf theoretische Feststellungen beschränken müssen, weil die praktisch erforderliche Berücksichtigung von Verlusten eher zu schwerfälligeren als vereinfachten Lösungen gegenüber dem unter Abs. g und l angegebenen Verfahren führen wird. Aus diesem Grunde können wir auch der bisweilen empfohlenen graphischen Methode, welche denselben Zweck hat wie hier die Tabelle V (Anhang) keine große praktische Bedeutung beimessen.

Aus Tabelle V (Anhang) finden wir den Wärmeinhalt der Heißluft bei $t_h = 100^0$ und $d_a = 0,01$ kg:

$$i_h \simeq 30 \text{ WE}/1 \text{ kg Luft}.$$

Aus der gleichen Tabelle gewinnen wir durch Interpolation die
Temperatur der Abluft für den Sättigungsgrad $x_n^{(1)} = 0,4$ und i_h
$= 30$ WE. Es wird

$$t_n^{(1)} \simeq 48^0$$

und

$$d_n^{(1)} \simeq 0,029 \text{ kg}.$$

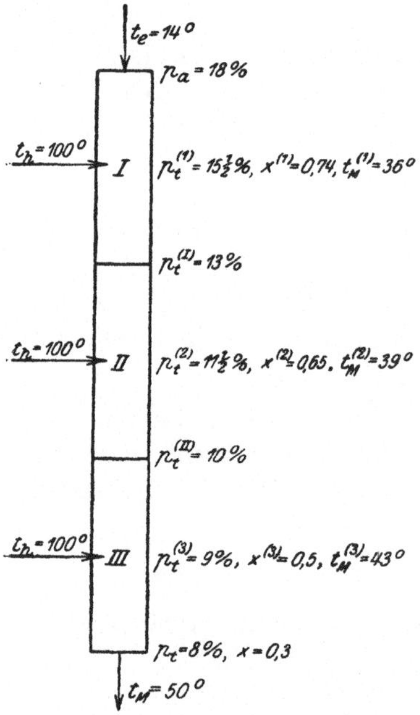

Dem entspricht eine Teilspannung
des Dampfes

$$q_d^{(1)} = 33 \text{ mm Hg}.$$

Soll eine Wasserverdampfung
erfolgen, so muß der Feuchtigkeitsdruck der Gerste ebenfalls mindestens 33 mm Hg betragen. Gemäß
Abs. c, S. 28, wird der Sättigungsdruck:

$$q_s^{(1)} = \frac{q_d^{(1)}}{x^{(1)}} = \frac{33}{0,74} = 45 \text{ mm Hg}.$$

Diesem entspricht eine Materialtemperatur (s. Tabelle III)

$$t_M^{(1)} = 36^0.$$

Fig. 25.

Element II. In gleicher Weise erhalten wir für $p_t^{(2)} = 11\frac{1}{2}\,{}^0/_0$:

$$x^{(2)} \simeq 0,65$$

und wählen

$$x_n^{(2)} = 0,4.$$

Mit $x_n^{(2)} = 0,4$ und $i_h = 30$ WE ergibt Tabelle V: $t_n^{(2)} = 48^0$, $d_n^{(2)}$
$= 0,029$ kg und $q_d = 33$ mm Hg. Ferner wird:

$$q_s^{(2)} = \frac{33}{0,65} = 51 \text{ mm Hg}$$

und

$$t_M^{(2)} = 39^0.$$

Element III. $p_t^{(3)} = 9\,{}^0/_0$,   folglich wird:

$$x^{(3)} \simeq 0,5.$$

Gewählt: $\qquad x_n^{(3)} = 0{,}25$.

Mit $\qquad x_n^{(3)} = 0{,}25; \qquad i_h = 30:$

$$t_n^{(3)} \simeq 57^0, \; d_n^{(3)} \simeq 0{,}027 \text{ kg}, \; q_d \simeq 33 \text{ mm Hg},$$

$$q_s^{(3)} = \frac{33}{0{,}5} = 66 \text{ mm Hg},$$

$$t_M^{(3)} = 43^0.$$

Nach Gl. 17 beträgt die erforderliche Wasserentziehung:

$$p_e = \frac{100\,(18 - 8)}{100 - 8} = 10{,}9\,^0/_0$$

vom Feuchtgut.

Insgesamt ist also eine Wassermenge von

$$W = 0{,}109 \cdot 1000 = 109 \text{ kg/std}.$$

zu verdampfen.

Nehmen wir wieder an, durch jedes Element werde die gleiche Luftmenge L' geführt, so wird (s. Beispiel 23, S. 107):

$$L' = \frac{W}{\left(d_n^{(1)} + d_n^{(2)} + d_n^{(3)}\right) - 3\,d_a}$$

oder hier

$$L' = \frac{109}{0{,}085 - 0{,}03} = 1980 \text{ kg/std}.,$$

die gesamte Luftmenge ist somit

$$L = 3\,L' = 3 \cdot 1980 = 5940 \text{ kg}.$$

Für 1 kg Wasserentziehung sind erforderlich:

$$l = \frac{5940}{109} = 54{,}5 \text{ kg Luft}.$$

Die mittlere Ablufttemperatur ist:

$$t_n{}' = \frac{t_n^{(1)} + t_n^{(2)} + t_n^{(3)}}{3} = \frac{48 + 48 + 57}{3} \simeq 50^0 \text{ C}.$$

Von 1 kg Luft sind aufzunehmen:

$$\frac{1}{l} = \frac{1}{54{,}5} = 0{,}0183 \text{ kg Wasserdampf}.$$

1 kg der Abluft enthält somit

$$d_n = 0{,}0183 + d_a = 0{,}0183 + 0{,}01 = 0{,}0283 \text{ kg Wasser}.$$

Dieser Wassergehalt bedeutet bei $t_n{}' = 50^0$ eine mittlere relative

Feuchtigkeit von

$$\sim 30^0/_0$$

(Tabelle I, Spalte 43, $t = 50^0$).

Gleichstromtrommeltrockner.

Die Luftmenge richtet sich hier allein nach dem Endwassergehalt des Trockengutes, der $p_t = 8^0/_0$ beträgt. Die Erwärmung der Gerste darf bis auf $t_M = 50^0$ erfolgen. Wir finden nun aus Tabelle Fig. 1, daß der Sättigungsgrad $x \simeq 0,33$ sein darf, wenn eine Wasserverdampfung noch gerade erfolgen soll. Für $t_M = 50^0$ ist nun der Feuchtigkeitsdruck der Gerste hierbei

$$q_M = 0,33\, q_s^{(50^0)} = 0,33 \cdot 92,5 = 30,5 \text{ mm/Hg.}$$

Dies besagt, daß auch der Teildruck des Dampfes in der Abluft q_d nicht höher als 30,5 mm Hg steigen darf, wenn eine Wasseraufnahme erwartet wird. Wir hatten gesehen, daß der Wärmeinhalt der Heißluft $i_h = 30$ WE war und haben nunmehr in Tabelle V eine Ablufttemperatur zu suchen, die, um Wärmeabgabe an die Gerste zu sichern, $> 50^0$ C sein muß und bei welcher der Wärmeinhalt i_n ebenfalls 30 WE beträgt. Ferner ist zu beachten, daß der Teildruck des Dampfes in der Abluft $q_{d(n)} \leqq q_M$ sein soll. Wir finden für $t_n = 65^0$ und $x_n = 0,15$:

$$i_n = 30 \text{ WE} \quad \text{und} \quad q_{d(n)} = 28 \text{ mm Hg.}$$

Ferner wird $d_n = 0,024$ kg.

Um 1 kg Wasser zu verdampfen, sind deshalb

$$l = \frac{1}{0,024 - 0,01} = \frac{1}{0,014} = 71 \text{ kg Luft}$$

erforderlich.

Der Luft- und Wärmeverbrauch ist also bei einem Schachttrockner unter den angenommenen Verhältnissen geringer als bei einem Gleichstromtrommeltrockner. Die vorstehenden Berechnungen sind ohne Rücksicht auf die Verlustwärme C_v durchgeführt worden, da lediglich ein Vergleich zweier Bauarten beabsichtigt war. Die wirklichen Luftmengen würden naturgemäß größer, die wirklichen Ablufttemperaturen kleiner sein als die oben gefundenen theoretischen Werte.

q) Die Kühlung.

Überschreitet die Temperatur des getrockneten Gutes etwa 25^0 C, so muß eine künstliche Kühlung als ratsam angesehen werden, wenn die Einlagerung in Silozellen oder hochbeschickten Bodenspeichern ohne schädliche Folgen erfolgen soll. Aber auch bei sofortiger Vermahlung des getrockneten Materials ist bisweilen eine vorherige Abkühlung erforderlich, sofern das erstere in größere Behälter über den Arbeitsmaschinen läuft, wie z. B. bei der Erbsenschälerei. Die Anwendung gewöhnlicher Kühlaspirateure erfüllt meistens nicht den angestrebten Zweck, weil hierbei die Einwirkung des kühlenden Luftstromes eine viel zu kurze ist, um eine ausreichende Temperaturverminderung herbeizuführen. Man verbindet deshalb häufig eine besondere Kühlvorrichtung mit dem Trockner. So wird z. B. bei Schachttrocknern vielfach der untere Teil von der Zuführung warmer Luft abgeschlossen und statt dessen kalte atmosphärische Luft durch die Getreidesäule gesaugt oder gedrückt, bevor das Material in die Entleerungsvorrichtung tritt. Vielfach trifft man auch auf besondere Kühlapparate, die ganz unabhängig von dem eigentlichen Trockner aufgestellt sind.

Die Kühldauer ist, genau wie die Trockendauer (s. Abs. a, S. 21 usf.), von der Art des Trockengutes abhängig. Sie schwankt zwischen einem Zeitraum von wenigen Minuten und $\frac{1}{2}$ Stunde. Unter normalen Verhältnissen dürften für Getreide und Körnerfrüchte jeder Art etwa 15 Minuten genügen.

Das Fassungsvermögen des Kühlers kann leicht nach Gl. 14 b, S. 22, bestimmt werden.

Es ist nun von Interesse, die Wärme- und Luftmengen kennen zu lernen, welche zur Kühlung des Trockengutes aufzuwenden sind. Im folgenden bezeichnen:

t_k Temperatur des getrockneten Materials beim Verlassen des Kühlers,

t_l' Temperatur der Kühlluft beim Verlassen des Kühlers,

x_k Sättigungsgrad der Kühlluft (meistens $=$ dem Sättigungsgrad der Außenluft x_a),

t_l Temperatur der Kühlluft beim Eintritt in den Kühler (meistens $=$ der Temperatur der Außenluft t_a),

C_k Wärmemenge, die 1 kg Trockengut bei der Abkühlung von t_M auf $t_k{}^0$ abgibt,

C_K Wärmemenge, die G_t kg Trockenware bei der Abkühlung von t_M auf $t_k{}^0$ abgeben,

l_k Luftmenge, welche 1 kg Trockengut von t_M auf $t_h{}^0$ abkühlt, in kg,

L_k Luftmenge, welche G_t kg Trockengut von t_M auf $t_k{}^0$ abkühlt in kg/std.

Es muß ein:

$$C_k = c_M (t_M - t_k)\ \text{WE}/1\ \text{kg Material} \quad \ldots \ldots \ldots (91)$$

und

$$C_K = c_M (t_M - t_k)\ G_t\ \text{WE}/G_t\ \text{kg Material und Stunde.} \ . \ (92)$$

Ferner gilt die Beziehung:

$$0{,}238\, l_k\,(t_l{'} - t_l) = C_k, \qquad \dots \dots \quad (93)$$

woraus folgt:

$$l_k = \frac{C_k}{0{,}238\,(t_l{'} - t_l)}$$

oder

$$l_k \simeq \frac{4{,}2\,C_k}{t_l{'} - t_l} \; \text{kg Luft/1 kg Material} \quad \dots \dots \quad (93\,\text{a})$$

oder

$$l_k \simeq 4{,}2\,c_M\, \frac{t_M - t_k}{t_l{'} - t_l} \; \text{kg Luft/1 kg Material} \quad \dots \quad (95)$$

In analoger Weise ergibt sich:

$$L_k = 4{,}2\,c_M\,G_t \cdot \frac{t_M - t_k}{t_l{'} - t_l} \; \text{kg Luft/}G_t \; \text{kg Material}$$

$$\text{und Stunde} \quad \dots \dots \quad (95)$$

Erfolgt die Kühlung im Gegenstrom, so bestehen die Bedingungen:

$$t_l{'} \leqq t_M$$

und

$$t_k \geqq t_l.$$

Bei Kühlung im Gleichstrom muß dagegen

$$t_l{'} \leqq t_k$$

sein. Im letzteren Falle sind offenbar größere Luftmengen erforderlich als im ersteren.

Bisweilen wird die gesamte Trockenluftmenge zur Kühlung benutzt, bevor sie dem Lufterhitzer zuströmt.

Es wird dann $L_k = L$ (s. Abs. g, S. 35), die Kühlluftmenge ist also eine ganz bestimmte. Mit L_k kennen wir auch l_k, denn es ist:

$$l_k = \frac{L_k}{G_t} \; \text{kg/1 kg Material.}$$

Setzen wir den Wert für C_k aus Gl. 91 in Gl. 93a ein, so folgt durch Entwicklung die Temperatur, welche die Kühlluft annimmt:

$$t_l{'} = \frac{4{,}2 \cdot c_M}{l_k}\,(t_M - t_k) + t_l. \qquad \dots \dots \quad (96)$$

Diese Beziehung gilt für Gegenstromkühlung; es ist $t_k \geqq t_l$, $t_l{'} \leqq t_M$ und $t_l{'} > t_k$.

Bei Gleichstromkühlung kann man die bei Anwendung einer bestimmten Kühlluftmenge erreichbare Endtemperatur des

Materials t_k berechnen. Durch Gleichsetzung von Gl. 91 und 93 erhalten wir

$$0{,}238\, l_k\,(t_l' - t_l) = c_M\,(t_M - t_k).$$

Unter der Voraussetzung, daß

$$t_l' = t_k$$

werde, ergibt sich die Beziehung:

$$0{,}238\, l_k\,(t_k - t_l) = c_M\,(t_M - t_k).$$

Durch Entwicklung folgt hieraus:

$$t_k = \frac{t_M\, c_M + 0{,}238\, t_l\, l_k}{0{,}238\, l_k + c_M} \quad\dots\dots\dots\quad (97)$$

Die Dampfspannung der Außenluft sowie ihre Temperatur besitzen einen wichtigen Einfluß auf den Kühlprozeß. Wie aus den Erörterungen im Abs. b leicht zu erkennen ist, wird der Feuchtigkeitsdruck des gekühlten Materials um so geringer sein, je tiefer die Temperatur und der Endwassergehalt liegen. Hieraus ergibt sich die Möglichkeit, daß unter Umständen der Teildruck des Dampfes in der Kühlluft größer werden kann als die Feuchtigkeitsspannung des Gutes. Die Folge wäre dann eine Wasserabgabe an das letztere. In der nachstehenden Tabelle Fig. 26 sind Zahlenwerte für Feuchtigkeitsdrücke über Gerste bei verschiedenen Temperaturen, sowie die entsprechenden Sättigungsgrade enthalten. Zum Verständnis des folgenden ist es nötig, daß wir uns das im Abs. b und c Gesagte ins Gedächtnis zurückrufen. Es sei beispielsweise angenommen, die Kühlluft habe die Temperatur $t_l = 15^0$ und ihr Sättigungsgrad betrage $x_k = 0{,}6$; dann ist der Teildruck des Dampfes nach Tabelle I

$$q_d = x_k\, q_s = 0{,}6 \cdot 12{,}8 = 7{,}68 \text{ mm Hg.}$$

Soll eine Wasserabgabe verhindert werden, so darf nun die Feuchtigkeitsspannung des Materials nicht kleiner werden als 12,8 mm Hg. Bei einem Endwassergehalt von $p_t = 7{,}75\,^0/_0$ und einer Temperatur des gekühlten Gutes von $t_k = 27^0$ wird nach Tabelle Fig. 26 der Feuchtigkeitsdruck bei Gerste

$$q_M = 8{,}66 \text{ mm Hg}$$

betragen.

Bei weiterer Abkühlung müßte offenbar

$$q_M < q_d$$

werden, d. h. eine Befeuchtung des Trockengutes erfolgen. Die Witterungsverhältnisse ziehen also der zulässigen Temperaturverminderung stets gewisse Grenzen.

Fig. 26[1]).

$t_M = 4^\circ$ C			$t_M = 14^\circ$ C			$t_M = 27^\circ$ C		
1	2	3	4	5	6	7	8	9
p_t $^0/_0$	q_M mm Hg	x	p_t $^0/_0$	q_M mm Hg	x	p_t $^0/_0$	q_M mm Hg	x
8,43	1,21	0,20	7,22	2,46	0,27	5,4	4,33	0,16
10,75	2,32	0,38	9,87	4,63	0,39	7,75	8,66	0,33
13,47	3,54	0,58	13,00	6,93	0,58	10,76	13,51	0,51
15,69	4,47	0,73	15,37	9,05	0,76	14,23	19,41	0,73
17,52	5,41	0,89	17,40	9,95	0,83	15,37	21,28	0,80
18,95	6,07	1,00	20,02	11,88	1,00	18,42	26,47	1,00

Wird die erwärmte Kühlluft dem Lufterhitzer zugeführt, sodaß sie einen Teil der Trockenluft bildet, so bedeutet das eine Wärmeersparnis von höchstens

$$C_K \text{ WE/Std. (s. Gl. 92)}.$$

Es ist leicht, für einen bestimmten Fall zu prüfen, ob eine derartige Rückgewinnung eines Teiles der Materialwärme sich lohnt. In den meisten Fällen wird die hierdurch erzielte Ersparnis zwischen $3 \div 10\,^0/_0$ liegen, und nur bei sehr hohen Materialtemperaturen noch darüber hinausgehen.

Beispiel 29.

Für den im Beispiel 20 berechneten Trockner soll eine Gegenstromkühlung des getrockneten Gutes vorgesehen werden. Es ist zu untersuchen, ob die gesamte Mischluftmenge (L_m) vor dem Eintritt in den Ofen zur Kühlung benutzt werden darf.

Gegeben: $t_l = 20^0$; $x_k = 0,6$; $p_t = 6\,^0/_0$; $t_M = 80$; $L_m \simeq$ 12 300 kg/std.; $G_t = 1260$ kg; $c_M = 0,4$; $C_B = 2085$ WE/1 kg Wasserentziehung; $W = 240$ kg/std.

Gesucht: Zulässige Materialtemperatur t_k; Wärmeersparnis in $^0/_0$ der Brennstoffwärme; zulässige Kühlluftmenge L_k.

Der Teildruck des Dampfes in der Kühlluft ist nach Tabelle I für $x_k = 0,6$ und $t_l = 20^0$

$$q_d = x_k q_s = 0,6 \cdot 17,5 = 10,5 \text{ mm Hg}.$$

Nach Tabelle Fig. 1 S. 24 entspricht dem Endwassergehalt $p_t = 6\,^0/_0$

---

[1]) Aus Hoffmann, „Die Getreidespeicher", II. Bd., S. 686 (Verlag Paul Parey, Berlin).

ein Sättigungsgrad $x \approx 0{,}19$. Nach Abs. c S. 28 ist daher die Sättigungsspannung, welche die Materialtemperatur bestimmt

$$q_s = \frac{q_d}{x} = \frac{10{,}5}{0{,}19} = 53 \text{ mm Hg}.$$

Nach Tabelle III wird somit die Temperatur der Gerste

$$t_k \approx 40^0 \text{ C}$$

nicht unterschreiten dürfen, wenn keine Befeuchtung des Trockengutes stattfinden soll.

Für Kühlung im Gegenstrom ist nach Gl. 95 das erforderliche Luftgewicht:

$$L_k = 4{,}2 \, c_M \, G_t \, \frac{t_M - t_k}{t_l' - t_l} \text{ kg/std.}$$

Setzen wir $t_l' = 52^0$ (s. S. 126), so folgt:

$$L_k = 4{,}2 \cdot 0{,}4 \cdot 1260 \, \frac{80 - 40}{52 - 20} = 2646 \text{ kg/std.}$$

Wir haben somit, falls t_k nicht kleiner werden soll als 40^0 C, ganz erheblich weniger Luft durch das Trockengut zu führen als in Gestalt der Mischluftmenge $L_m = 12\,300$ kg zur Verfügung steht. Würde $L_k = L_m$ angenommen, so wäre (s. S. 126)

$$l_k = \frac{L_m}{G_t} = \frac{12\,300}{1260} = 9{,}75 \text{ kg}.$$

Mit Benutzung dieses Wertes ergäbe sich nach Gl. 96 die Temperatur der erwärmten Kühlluft:

$$t_l' = \frac{4{,}2 \cdot 0{,}4}{9{,}75} (80 - 40) + 20 = 27^0.$$

Auch hieraus ist ohne weiteres ersichtlich, daß die angenommene Luftmenge viel zu groß ist. Die Bedingung $t_l' > t_k$ (s. S. 126) ist außerdem nicht erfüllt, und es müßte infolge der zu tiefen Abkühlung eine Feuchtigkeitsaufnahme des Trockengutes erfolgen. Es wäre also verfehlt, die gesamte Mischluftmenge zur Kühlung heranzuziehen.

Die Wärmeersparnis beträgt (Gl. 92)

$$C_k = 0{,}4 \, (80 - 40) \, 1260 = 20\,160 \text{ WE/Std.}$$

Mit $W = 240$ kg Wasserentziehung in der Stunde bedeutet dies eine Wärmemenge von

$$\frac{20\,160}{240} = 84 \text{ WE/1 kg Wasserverd.}$$

In bezug auf die Brennstoffwärme würden erspart werden:

$$\frac{84}{2080} \cdot 100 \cong 4\,^0/_0 .$$

Außerdem muß noch

$$C_k = 0{,}238\, L_k\,(t_l' - t_l)$$

sein. Mit Benutzung der bekannten Werte erhalten wir, wie oben:

$$C_k = 0{,}238 \cdot 2646\,(52 - 20) \cong 20\,160 \ \text{WE/Std.}$$

r) Gleichstrom oder Gegenstrom?

Die Frage, ob das Trocknen im Gleichstrom oder Gegenstrom die größten Vorteile biete, ist häufig erörtert worden und hat vielfach zu Auffassungen geführt, die einander feindlich gegenüberstehen. Obgleich in den letzten Jahren der Gleichstromtrockner weiteste Verbreitung gewonnen hat, ist dennoch das Gegenstromprinzip keineswegs verdrängt worden.

Beim Trocknen im Gleichstrom trifft bekanntlich die Heißluft auf das kalte und feuchte Material; die Trockenluft erfährt eine Abkühlung bei gleichzeitiger Erwärmung des Gutes.

Heißlufttemperaturen von 400 ÷ 600° C sind hierbei keine Seltenheit, falls sehr feuchte Stoffe, wie z. B. Kartoffel- oder Rübenschnitzel, getrocknet werden sollen. Die sofort einsetzende starke Wasserverdampfung verhindert eine unzulässige Erwärmung bzw. ein Verkohlen oder Verbrennen des Materials. Bei der Getreidetrocknung wird dagegen die Zuluft selten über 200° C erwärmt; in den weitaus meisten Fällen findet man Temperaturen zwischen 80 und 150° C.

Die zulässige Temperatur des Trockengutes ist ganz von der Beschaffenheit und dem Verwendungszweck des letzteren abhängig; sie kann durch entsprechende Regulierung der Heißlufttemperatur leicht den Verhältnissen angepaßt werden und liegt gewöhnlich zwischen 40 und 100° C. Beim Trocknen von Roggen, Weizen usw. ist Rücksicht auf die Keim- bzw. Backfähigkeit zu nehmen, je nachdem es sich um Saat- oder Brotgetreide handelt. Eine Erwärmung über 40 ÷ 60° C gefährdet hierbei bereits die Eigenschaften des Kornes. Dagegen können Gerste, Hafer, Erbsen usw., welche zur Vermahlung bestimmt sind, ohne Bedenken auf 70 ÷ 100° erhitzt werden. Bei anderen Stoffen ist häufig das Aussehen des Endproduktes, welches sich bisweilen unter dem Einfluß zu hoher Temperaturen nachteilig verändert, in Betracht zu ziehen usw. Allen diesen Forderungen kann man beim Trocknen im Gleichstrom auf einfache Weise gerecht werden.

Die Ablufttemperatur t_n wird von der vorgeschriebenen Temperatur der Trockenware bestimmt und vice versa. Der Luftverbrauch ist dagegen sowohl von der zulässigen Materialtemperatur „t_M" als auch von dem Endwassergehalt „p_t" des Gutes bzw. dem Feuchtigkeitsdruck des letzteren, „q_M", abhängig. Je größer diese drei Faktoren werden, um so geringer fallen Luft- und Wärmeverbrauch aus. Die Trocknung gestaltet sich bei einem relativ hohen Feuchtigkeitsgehalt des Endproduktes ($10^0/_0$ und darüber) recht wirtschaftlich, weil dann bereits ein hoher Sättigungsgrad der Abluft erreicht werden kann. Die bei Gleichstrom zulässigen hohen Eintrittstemperaturen der Heißluft gestatten hierbei eine sehr wirksame Ausnutzung der Wärme unter Anwendung relativ geringer Luftmengen.

Wesentlich ungünstiger gestalten sich die Verhältnisse, wenn eine Feuchtigkeitsentziehung bis auf einen sehr geringen Endwassergehalt ($0 \div 7^0/_0$) verlangt wird. Infolge der Abhängigkeit der gesamten Luftmenge von dem letzteren ist alsdann stets mit einem relativ großen Kraft- und Wärmeverbrauch zu rechnen.

Beim Trocknen im Gegenstrom trifft die Heißluft auf das warme Trockengut, während die Abluft das kalte und feuchte Material umspült. Die Anwendung sehr hoher Eintrittstemperaturen würde in den weitaus zahlreichsten Fällen eine ganz unzulässige Erhitzung der Trockenware herbeiführen und ein Verkohlen bzw. Verbrennen derselben zur Folge haben. Hierin liegt offenbar ein Nachteil gegenüber dem Gleichstromprinzip, da naturgemäß bei relativ niedrigen Heißlufttemperaturen auch die Abluft wesentlich kühler abziehen wird. Der absolute Wassergehalt sinkt somit erheblich, wodurch Luft- und Wärmeverbrauch bedeutend anwachsen. Andererseits wird die relative Feuchtigkeit der Abluft beim Trocknen im Gegenstrom nicht vom Endwassergehalt der Trockenware, sondern vom Anfangswassergehalt des Feuchtgutes bestimmt. Hieraus folgt, daß selbst bei starker Trocknung noch ein hoher Sättigungsgrad der Abluft erreicht werden kann.

Der Vorteil, welcher in der Anwendung hoher Zulufttemperaturen beim Trocknen sehr feuchter Stoffe liegt, kann bei dem Gegenstromtrockner nicht ausgenutzt werden. Kommt noch hinzu, daß die Feuchtigkeitsentziehung nur bis auf einen relativ hohen Endwassergehalt ($10^0/_0$ und darüber) durchgeführt werden soll, so tritt die Überlegenheit des Gleichstromprinzips klar vor Augen. Ist man jedoch, etwa infolge der Beschaffenheit der Wärmequelle, an eine relativ niedrige Heißlufttemperatur gebunden und soll trotzdem bis auf einen geringen Endwassergehalt ($0 \div 7^0/_0$) getrocknet werden, so wird der Gegenstromtrockner zweifellos durch eine günstigere Ausnutzung der Luft bessere Resultate erbringen als der Gleichstromtrockner.

9*

Beide Systeme besitzen somit ausgesprochene Vorteile und
Nachteile, die für jeden bestimmten Fall sorgfältig gegeneinander
abgewogen werden müssen, bevor man zu einem gerechten Urteil
gelangen kann.

Beispiel 30:

Gegeben: $t_e = 27^0$; $p_a = 18\,^0/_0$; $t_a = 16^0$; $x_a = 0,6$;
$d_a = 0,006\,78$ kg; $q_d = 7,8$ mm Hg; $t_h = 150^0$ C; $i_{(h)} = 40$ WE;
$p_t = 6\,^0/_0$; $c_M = 0,4$.

Gesucht: t_M; t_n; $q_{d_{(n)}}$; d_n; l.

Es soll ermittelt werden, ob die Trocknung im Gleichstrom
oder Gegenstrom die günstigeren Ergebnisse verspricht. Die Rechnung ist ohne Rücksicht auf die zur Erwärmung des Materials und
zur Deckung der Abkühlungsverluste erforderliche Wärmemenge auf
Grund des „Wärmeinhaltes" der Luft durchzuführen. Es sollen die
in Tabellen Fig. 1 und 26 für Gerste mitgeteilten Zahlen als gültig
angesehen werden.

a) Gleichstromtrockner (Fig. 27).

Nach Tabelle Fig. 1 ist der Grenzwert der zulässigen relativen
Feuchtigkeit der Abluft $\sim 19\,^0/_0$, wenn $p_t \cong 6\,^0/_0$ beträgt. Mit Rücksicht auf den erforderlichen Druckunterschied sei gewählt

$$x_n = 0,10.$$

Mit $i_{(h)} = 40$ wird dann gemäß Tabelle V

$$t_n \cong 80^0 \text{ C}.$$

Es ist somit $q_{d_{(n)}} = 35,5$ mm Hg und $d_n = 0,031$ kg.

Ferner wird:

$$q_s = \frac{35,5}{0,19} = 187 \text{ mm Hg}.$$

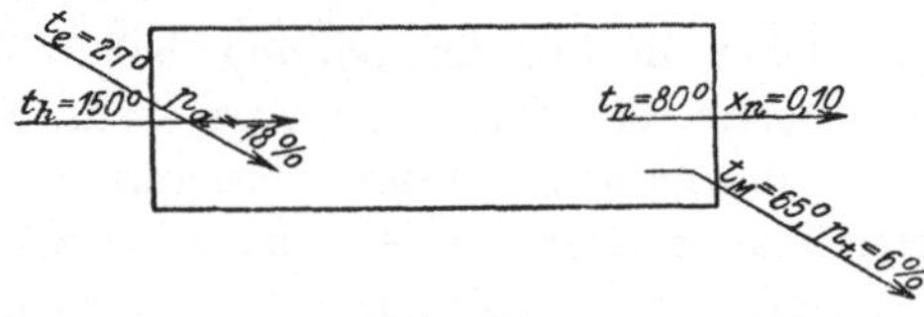

Fig. 27.

Hieraus folgt nach Tabelle III die Materialtemperatur

$$t_M = 65^0 \text{ C}.$$

Mit $d_a = 0,006\,78$ wird nach Gl. 19 (theoretisch):

$$l = \frac{1}{0,031 - 0,006\,78} = 41 \text{ kg Luft/1 kg Wasserverdunstung}.$$

Die theoretisch zur Verdampfung von 1 kg Wasser erforderliche Wärme ist somit:

$$0,238\,(150 - 16)\cdot 41 = 1310\ \text{WE}.$$

b) Gegenstromtrockner (Fig. 28).

Hier müssen wir von dem Feuchtigkeitsgehalt des frischen Materials $p_a = 18\,^0/_0$ ausgehen. Nach Tabelle Fig. 26 ist für $t_e = 27^0$ der in maximo zulässige Sättigungsgrad $x = 1$; dasselbe trifft auch nach Tabelle Fig. 1 für Temperaturen von 34^0 und darüber zu.

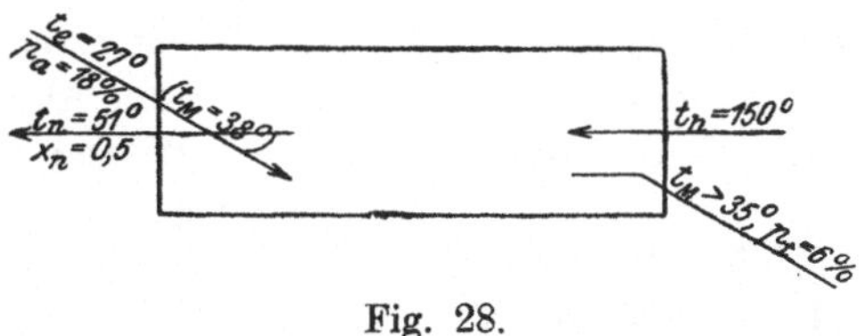

Fig. 28.

Die Abluft könnte hier also theoretisch eine relative Feuchtigkeit von $100\,^0/_0$ annehmen. Im Interesse einer lebhaften Wasserverdampfung sei jedoch angenommen:

$$x_n = 0,5\ (50\,^0/_0).$$

Mit $x_n = 0,5$ und $i_{(h)} = i_{(n)} = 40$ WE erhalten wir aus Tabelle V:

$$t_n \simeq 51^0,$$
$$d_n \simeq 0,045\ \text{kg},$$
$$q_d \simeq 49\ \text{mm Hg}.$$

Es ist ferner:

$$q_s = \frac{49}{1} = 49\ \text{mm Hg}$$

und nach Tabelle III

$$t_M^{(n)} \simeq 38^0\ \text{C}.$$

Soll eine Wasserverdunstung erfolgen, so muß das Feuchtgut auf $t_M^{(n)} = 38^0$ erwärmt werden. Die Feuchtigkeitsspannung des nassen Materials beträgt nun bei 27^0 C nach Tabelle Fig. 26 26,47 mm Hg, sie ist also geringer als der Teildruck des Dampfes in der Abluft, welcher $q_d = 49$ mm Hg sein sollte. Da nun offenbar die Abluft von $t_n = 51^0$ auf das Feuchtgut von $t_e = 27^0$ trifft, so scheint es auf den ersten Blick, als müsse t_n erheblich sinken. Dies würde auch zutreffen, wenn nur die theoretisch erforderliche Luftmenge

$$l = \frac{1}{0,045 - 0,00678} = 27\ \text{kg}/1\ \text{kg Wasserentz.}$$

zur Anwendung käme. In Wirklichkeit haben wir jedoch so viel mehr Luft durch den Trockner zu leiten als zur Erwärmung des Gutes von t_e^0 auf t_M^0 und zur Deckung aller Verluste infolge Abkühlung usw. nötig ist. Es kann somit $t_n = 51^0$ als die wirklicheAblufttemperatur gelten. Hiermit wird jedoch nicht die Tatsache beseitigt, daß der Dampfdruck der Luft größer ist als die Feuchtigkeitsspannung des Materials beim Eintritt in den Trockner. Es stehen sich gegenüber $q_M^{(27^0)} = 26,47$ und $q_d^{(51^0)} = 49$ mm Hg; ein Gleichgewichtszustand wird nicht eher eintreten, als bis das Feuchtgut auf $t_M^{(n)} = 38^0$ erwärmt worden ist. Bis zu diesem Zeitpunkt besteht zweifellos die Möglichkeit einer Wasserabgabe aus der Luft an das Feuchtgut. Bei der Kondensation des alsdann der Abluft entzogenen Dampfes würde die Verdampfungs- (latente) Wärme $r/1$ kg Dampf angesichts des herrschenden Temperaturunterschiedes zwischen Luft und Feuchtgut an das letztere abgegeben werden und somit eine Erwärmung desselben erfolgen. Das Niederschlagswasser würde aufs neue verdampft werden müssen, sobald $t_e = t_M^{(n)} = 38^0$ wird. Dies könnte ohne Vermehrung der wirklichen Luftmenge geschehen, weil dem zur Lieferung der Wärmemenge $C_M/1$ kg Wasserentz. verfügbaren Luftquantum die bei dem angenommenen Kondensationsvorgang frei gewordene Wärme $r/1$ kg Dampf zugute käme. Jedenfalls ist sicher, daß bei ausreichenden Trockenluft- bzw. Wärmemengen ein nachteiliger Einfluß durch den vorhandenen Spannungsunterschied $q_d^{(51^0)} - q_M^{(27^0)}$ nicht zu befürchten steht. Genügt die Luftmenge jedoch nicht, so kann in der Tat eine Erhöhung der relativen Feuchtigkeit bei fallender Temperatur der Abluft und ein „Schmoren" des Gutes (z. B. der Gerste) in feuchter Wärme erfolgen.

Wie die oben erörterten Vorgänge sich in Wirklichkeit abspielen, entzieht sich unserer Kenntnis. Bei periodisch beschickten Gegenstromtrocknern findet jenes Streben nach einem Spannungsausgleich zwischen Dampfdruck der Luft und Feuchtigkeitsspannung des Gutes nur so lange statt, bis die Temperatur $t_M^{(n)}$ (hier $= 38^0$) erreicht worden ist; dagegen wäre es bei kontinuierlich arbeitenden Apparaten als ständig wirkend anzunehmen. Mit der theoretischen Luftmenge

$$l = 27 \text{ kg}/1 \text{ kg Wasserentziehung}$$

erhalten wir den **theoretischen Wärmeverbrauch**

$$0,238\,(150-16)\,27 \backsimeq 860 \text{ WE}/1 \text{ kg Wasserverdunstung.}$$

Angesichts des geringen Endwassergehaltes der Trockenware würde somit der Gleichstromtrockner wesentlich ungünstiger arbeiten als der Gegenstromtrockner.

Wir hatten angenommen, der Dampfdruck der Heißluft von $t_h = 150^0$ betrage $q_d = 7{,}8$ mm Hg. Nach Tabelle Fig. 1 ist für $p_t = 6^0/_0$ der maximale Sättigungsgrad der Luft über dem Getreide $x \simeq 0{,}19$. Die Wasserverdunstung beginnt, sobald das Material ebenfalls eine Feuchtigkeitsspannung von 7,8 mm Hg besitzt. Es wird somit:

$$q_s = \frac{7{,}8}{0{,}19} = 41 \text{ mm Hg}.$$

Diesem entspricht eine Materialtemperatur von

$$t_M \simeq 35^0.$$

Hiermit ist jedoch in Anbetracht der großen Trockenheit des auslaufenden Gutes keineswegs die wirkliche Materialtemperatur bestimmt, sondern die Rechnung besagt in diesem Falle lediglich, daß t_M zwischen 35^0 und 150^0 liegen muß. Der genaue Wert kann im voraus nicht ermittelt werden.

(Der für verlustfreie Trockner zu Vergleichszwecken gefundene Luft- und Wärmeverbrauch wird in Wirklichkeit sich etwa auf $l = 65$ bzw. $l = 45$ kg und $C_g = 2080$ bzw. $C_g = 1430$ WE erhöhen.)

s) Zur Beurteilung des Wärmeverbrauchs.

Die alleinige Feststellung des Brennstoff- bzw. Dampfverbrauchs bei Leistungsversuchen an Trocknern gibt weder eine ausreichende Unterlage zur Beurteilung der auftretenden Wärmeverluste, noch einen genügenden Hinweis, wie dieselben zu vermindern seien. Es ist vielmehr unerläßlich, die Zusammensetzung der dem Trockner zugeführten Gesamtwärme „C_g" (s. S. 55, Gl. 42 bis 42 c) zu untersuchen, d. h. den eigentlichen Trockner ganz unabhängig von dem Lufterhitzer vom wärmetechnischen Standpunkte kritisch zu betrachten. Um die mittlere Größe von C_g zu bestimmen, muß die wirkliche Luftmenge L (kg/W kg Wasserverdunstung und Std.) durch möglichst zahlreiche Messungen während der Dauer des Versuches sorgfältig ermittelt werden; desgleichen sind die Temperaturen der Außenluft (t_a) und der Heißluft (t_h) in kurzen Zeitabständen zu registrieren und aus den Aufzeichnungen die Mittelwerte zu berechnen. Da nun die stündliche Wasserverdunstung W leicht festgestellt werden kann, so ist auch

$$l = \frac{L}{W} \quad \text{(kg Luft/1 kg Wasserentziehung)}$$

bekannt, und es kann „C_g" aus Gl. 48 (S. 61) gewonnen werden. Die Teilwärmemengen C_D, C_M und C_a (vgl. Abs. k, S. 52 usf.) sind leicht zu berechnen, da alle hierzu erforderlichen Daten im Verlauf der Prüfung bekannt werden bzw. von vornherein gegeben sind. Die Gl. 42 c, S. 55)

$$C_g = n C_n + C_a$$

enthält somit lediglich die Verlustzahl „n" als Unbekannte. Es folgt:

$$n = \frac{C_g - C_a}{C_n} \quad \ldots \ldots \ldots \ldots (98)$$

Dieser wichtige Vergleichswert, welcher ebenso wie C_v (s. Abs. k, γ) die Größe der Abkühlungsverluste bezogen auf 1 kg Wasserverdunstung kennzeichnet, ergibt sich hiernach leicht aus den Prüfungsergebnissen. Es ist stets lehrreicher für einen bestimmten Fall „n" bzw. C_v und C_a kennen zu lernen, als sich mit der Feststellung der Brennstoffwärme C_B oder des Dampfverbrauches zu begnügen. Ist eine weitere Wärmeersparnis vonnöten, so zeigt sich klar, wo der Hebel anzusetzen ist.

Die Aufgabe, verschiedene Trocknersysteme miteinander zu vergleichen und aus dem ermittelten Wärmeverbrauch „C_g" derselben zutreffende Schlüsse zu ziehen, ist nun besonders schwierig, weil die Voraussetzungen, welche „C_g" bestimmen, für zwei Fälle niemals vollkommen gleichartig gestaltet sein werden. Machen wir uns deutlich, welche Faktoren die oben angeführten Einzelwärmemengen beeinflussen, so finden wir:

1. C_D abhängig von t_n und t_e (s. Gl. 35, S. 52);
2. C_M „ „ c_M, t_M, t_e, G_f und p_e (Gl. 36 und 37a);
3. C_a „ „ t_n, t_a und l (Gl. 41, S. 54);
4. C_v „ „ der Oberfläche des Trockners, dem mittleren Temperaturunterschied zwischen Heißluft und Außenluft, sowie anderen unkontrollierbaren Umständen, wie Undichtigkeiten usw.

Weiterhin wird l (kg Luft/1 kg Wasserentziehung) nach früheren Erörterungen bestimmt durch: die zulässige Erwärmung des Materials (t_M), den Endwassergehalt p_t (Gleichstromtrockner), den Anfangswassergehalt p_a (Gegenstromtrockner) oder auch durch beide zugleich (Schachttrockner); ferner durch die Heißlufttemperatur t_h, die Ablufttemperatur t_n, die Außenlufttemperatur t_a und die Sättigungsgrade x_n und x_a.

Da es nicht möglich ist, alle diese Faktoren auf eine einheitliche Basis zu reduzieren, so müssen wir uns bei Vergleichen auf die Forderung beschränken, daß mindestens die folgenden Voraussetzungen einigermaßen übereinstimmen:

a) Art des Feuchtgutes,
b) stündliche Leistung an Feuchtgut (G_f),

c) Temperatur des feuchten Materials (t_e),

d) zulässige Temperatur des Trockengutes (t_M),

e) Anfangs- und Endwassergehalt der Ware (p_a und p_t).

Es ist dann Sache des Erbauers, die Art der Wärmequelle, Heißlufttemperatur, Trocknergröße usw. für den gegebenen Verwendungszweck zu bestimmen. Aus dem Vorstehenden erhellt, daß es falsch wäre, etwa die Brennstoffwärmemengen der in den Beispielen 20 und 21 berechneten Trockner ($C_B = 2080$ bzw. 1210 WE/1 kg Wasserentziehung) einander gegenüberzustellen und daraus zu folgern, der Schachttrockner arbeite ungünstig, während der Trommeltrockner Vorzügliches leiste. Die Arbeitsbedingungen sind hier offenbar so völlig verschiedene, daß jeder Vergleich hinfällig sein muß.

Ist dagegen angenäherte Übereinstimmung in den unter a bis e angeführten Voraussetzungen vorhanden, so wird die Ermittelung der Verlustzahl „n" nach Gl. 98 und der Abluftverluste C_a (Gl. 41, S. 54) ein recht zuverlässiges Urteil über den Wert der zum Vergleich herangezogenen Trockner gestatten und eventuelle Fehler erkennen lassen.

Die Möglichkeit einer graphischen Darstellung des Wärmeverbrauchs haben wir bereits im Abs. n ausführlich erläutert.

Die Ermittlung des Brennstoffverbrauches führt zur Wärmemenge C_B und zum Wirkungsgrad des Ofens bzw. Kalorifers η_0 bzw. $\eta_c = \dfrac{C_g}{C_B}$.

Kommt ein Dampf-Lufterhitzer in Betracht, so ist das Kondensat zu wägen, um hieraus den Dampfverbrauch D bzw. D_W (s. S. 69) zu erhalten. Das Nachverdampfen wird hierbei durch möglichst tiefe Abkühlung des Niederschlagswassers vor dem Eintritt in das Meßgefäß wirksam verhindert. Da mit der Spannung des Heizdampfes auch seine Verdampfungswärme r (WE/1 kg Dampf) gegeben ist, so kann auch der Wirkungsgrad des Lufterhitzers leicht bestimmt werden. Man erhält

$$\eta_L = \frac{C}{y_D\, r\, D} \quad \text{(s. S. 69)},$$

worin D gleich dem Gewichte des Kondensates, bezogen auf 1 kg Wasserverdunstung, ist.

Sollen ferner Kraftbedarf, Betriebsunkosten, Anschaffungspreise verschiedener Bauarten verglichen werden, so ist ebenfalls angenäherte Übereinstimmung in den unter a bis e genannten Arbeitsbedingungen notwendig.

III. Die Bestimmung der relativen Luftfeuchtigkeit.

Die Ermittlung der relativen Luftfeuchtigkeit bei Versuchen an Trocknern kann verschiedenen Zwecken dienen. Wir wollen hier die folgenden anführen:

a) Es soll festgestellt werden, ob die Voraussetzungen, welche bei der Berechnung in bezug auf den erreichbaren Sättigungsgrad der Abluft gemacht worden sind, zutreffen.

b) Man will wissen, ob die Feuchtigkeit der Abluft zu gering ist, um auf diese Weise ein Urteil über den Luftverbrauch zu gewinnen und diesen gegebenenfalls herabsetzen zu können.

c) Zur Ermittlung des Luftvolumens, welches einen gegebenen Querschnitt durchströmt, braucht man das genaue spezifische Gewicht der feuchten Luft γ_f (vgl. Abschnitt I, d) an der Meßstelle.

d) Man will den Wassergehalt der Außenluft d_a kennen lernen, um festzustellen, wieviel kg Wasserdampf von der Abluft aufgenommen worden sind, wenn L kg oder V_a cbm derselben gemessen wurden.

e) Es soll die Spannung q_d des Wasserdampfes atmosphärischer Luft, die zur Kühlung benutzt wird, gefunden werden, um zu prüfen, ob q_d kleiner als der Feuchtigkeitsdruck q_M des abzukühlenden Materials ist und keine Wasserabgabe an dasselbe zu befürchten steht.

Eins der wichtigsten Instrumente zur Bestimmung der Luftfeuchtigkeit ist das „Psychrometer" (Fig. 29).

Es besteht in der Hauptsache aus zwei Thermometern a und b, zwischen denen eine mit Wasser angefüllte Glasröhre c angebracht ist, deren unteres Ende in eine oben offene, kugelförmige Erweiterung d ausläuft. Das Thermometer a ist unten mit einem kleinem Lappen e aus porösem Stoff umwickelt, der in d eintaucht. Man hat also ein sogen. „nasses" und ein „trockenes" Thermometer.

Infolge der Verdunstung wird nun das feuchte Thermometer niedrigere Temperaturen anzeigen als das trockene, solange die Luft nicht vollkommen gesättigt ist und eine Verdunstung der Feuchtigkeit des Lappens stattfindet. Das nasse Thermometer gibt die von der menschlichen Haut empfundene Temperatur an, während das trockene die wirklichen Wärmegrade (Celsius) anzeigt. Die Differenz dieser beiden Temperaturen bildet nun ein Maß zur Bestimmung der jeweiligen Spannung des in der Luft enthaltenen Dampfes. Es bedeute:

t Temperatur der Luft, welche das trockene Thermometer anzeigt,

t_f Temperatur, welche gleichzeitig vom feuchten Thermometer abgelesen wird,

q_d Spannung des Wasserdampfes der Luft bei t^0 C in mm Hg,

$q_s^{(f)}$ Spannung des gesättigten Wasserdampfes bei t_f ^{0}C in mm Hg,

q Druck der Atmosphäre, d. i. den Baromerstand in mm Hg,

A einen Festwert, die sogen. „Psychrometerkonstante".

Man erhält sodann die Dampfspannung der zu untersuchenden Luft von der Temperatur „t" aus der empirischen Formel[1]):

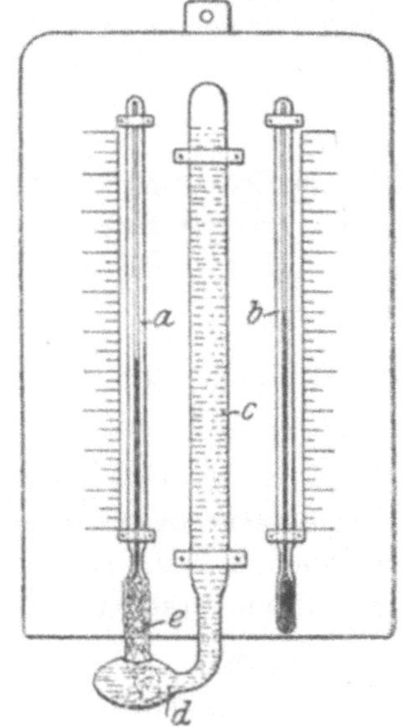

Fig. 29.

$$q_d = q_s^{(f)} - A\,(t - t_f)\,q \ \text{mm Hg} \ . \ . \ . \ . \ . \ (99)$$

Für den Faktor A gelten die folgenden Werte[1]):

	Windstille	leicht bewegte Luft	stark bewegte Luft
$A =$	0,001 200	0,000 800	0,000 656.

Hinsichtlich der Geschwindigkeit der am Psychrometer vorbeiströmenden Luft betrachtet man:

$$v = 0 \div 0{,}5 \ \text{m/sec} \ \text{als Windstille,}$$
$$v = 1 \div 1{,}5 \ \text{m/sec} \ \text{als leicht bewegte Luft,}$$
$$v \geq 2{,}5 \ \text{m/sec} \ \text{als stark bewegte Luft.}$$

Befindet sich das Psychrometer innerhalb einer Beschirmung, was z. B. beim Einbau in die Wandung eines Trockners oder in eine Luftleitung meistens zutrifft, so gelten die oben angeführten Geschwindigkeiten für den Zustand innerhalb der Schutzhülle, die aus Drahtgewebe oder gelochtem Bleche hergestellt werden kann.

In den Jelinekschen Tafeln sind Dampfspannung und Feuchtigkeit für Temperaturen des trockenen Thermometers bis zu 40° C

---

[1]) Jelineks Psychrometertafeln, Verlag v. Wilh. Engelmann, Leipzig 1911.

von Zehntel- zu Zehntelgrad ausgerechnet worden. Bei höheren Wärmegraden ist man auf die Berechnung von q_d aus Gl. 99 angewiesen. Man erhält dann den Sättigungsgrad der Luft aus der einfachen Beziehung (s. Gl. 3, Abschnitt I)

$$x = \frac{q_d}{q_s}.$$

Die Spannung q_s gesättigten Dampfes von der Temperatur „t" ist den Dampftabellen zu entnehmen; daselbst findet man ferner den Druck $q_s^{(f)}$ für die vom feuchten Thermometer angezeigte Temperatur „t_f".

Beispiel 31.

Gegeben:

Temperatur des trockenen Thermometers $t = 65^0$,
Temperatur des feuchten Thermometers $t_f = 60^0$,
Barometerstand $q = 760$ mm Hg,
Psychrometerkonstante für leicht bewegte Luft $A = 0{,}000\,800$.

Gesucht:

Die relative Feuchtigkeit der Luft von $t = 65^0$ C.

Aus Tabelle III folgt der Druck gesättigten Dampfes von $t = 65^0$

$$q_s = 187{,}5 \text{ mm Hg};$$

ferner noch die Spannung des Sattdampfes bei $t = 60^0$

$$q_s^{(f)} = 149{,}5 \text{ mm Hg}.$$

Mit Benutzung dieser Zahlen ergibt Gl. 99 die in der Luft von $t = 65^0$ herrschende Dampfspannung

$$q_d = 149{,}5 - 0{,}000\,800\,(65 - 60)\,760 = 146{,}46 \text{ mm Hg}.$$

Wir erhalten somit den Sättigungsgrad nach Gl. 3

$$x = \frac{146{,}46}{187{,}5} = 0{,}78,$$

d. h. die relative Feuchtigkeit beträgt $78\,^0/_0$.

Es ist hiernach leicht, eine Psychrometertafel für besondere Fälle und Temperaturstufen· zusammenzustellen, die eine Ablesung der relativen Feuchtigkeit auf einen Blick gestattet. Der Einbau eines Psychrometers in die Abluftleitung erleichtert die sachgemäße Bedienung eines Trockners ganz wesentlich.

Ein weiteres Instrument zur Ermittlung der Luftfeuchtigkeit ist das Haarhygrometer. (Fig. 30.)

Das menschliche Haar erweist sich äußerst empfindlich gegen

die Einwirkung von Feuchtigkeit. Es erfährt Längenänderungen mit den Schwankungen des Wassergehaltes der Atmosphäre, die groß genug sind, um sie auf den Zeiger eines Instrumentes übertragen zu können und so zu einer direkten Messung der relativen Luftfeuchtigkeit zu gelangen, welche dann ohne weiteres abgelesen werden kann.

Das Hygrometer ist völlig unabhängig von den Bewegungszuständen der Luft und eignet sich gleich gut für hohe wie für tiefe Temperaturen, während das Psychrometer bei Frostwetter beeist und für praktische Zwecke unbrauchbar wird.

Mit Hilfe der unmittelbar abgelesenen relativen Feuchtigkeit ist es dann leicht, auch die herrschende Dampfspannung q_d zu bestimmen. Man sucht hierzu q_s für die Temperatur t in den Dampftabellen auf und setzt (Abschnitt I, Gl. 3a):

$$q_d = x \cdot q_s.$$

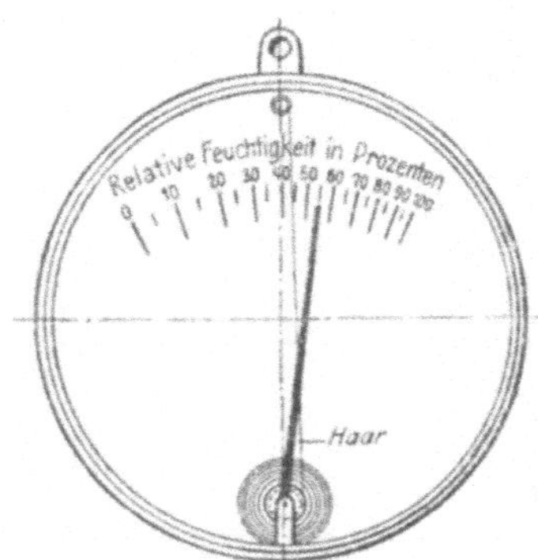

Fig. 30.

Das Hygrometer verlangt nun allerdings von Zeit zu Zeit eine Kontrolle und Justierung, welche mit Hilfe des Psychrometers vorgenommen werden mögen. — Zur fortlaufenden Betriebskontrolle und zum Einbau in Luftleitungen u. dgl. verdient wohl das Psychrometer den Vorzug, weil es kein empfindliches Präzisionsinstrument darstellt, bei welchem leicht falsche Angaben infolge unrichtiger Behandlung zu befürchten wären.

IV. Der Ventilator.

Die Bewegung der Luft durch den Trockner geschieht fast ausschließlich mittels Niederdruck-Ventilatoren (Schleudergebläse). Entsprechend ihrer Aufstellungsart, welche meistens durch die Konstruktion der Trockner bestimmt wird, kann man in der Hauptsache folgende Fälle unterscheiden:

1. Der Ventilator besitzt keine Saugleitung; er drückt die angesaugte kalte Luft durch Lufterhitzer und Trockner.
2. Der Ventilator wird hinter dem Lufterhitzer angeordnet, saugt also warme Luft an und drückt diese durch den Trockner.

3. Der Ventilator (Exhaustor) wird hinter dem Trockner aufgestellt; er **saugt** die Luft durch den Erhitzer und Trockner
mit den dazugehörigen Rohrleitungen. Die Abluft wird
hierauf ins Freie geblasen oder in einen Staubfänger
(Zyklon u. dgl.) geführt.

Hat man sich für eine bestimmte Aufstellungsart entschlossen,
so wird eine Vorausbestimmung des Kraftverbrauchs durch Berechnung des voraussichtlichen Gesamtdruckes nach Abschnitt II, i. (s. auch Ab-
schnitt II, S. 48) erfolgen
können.

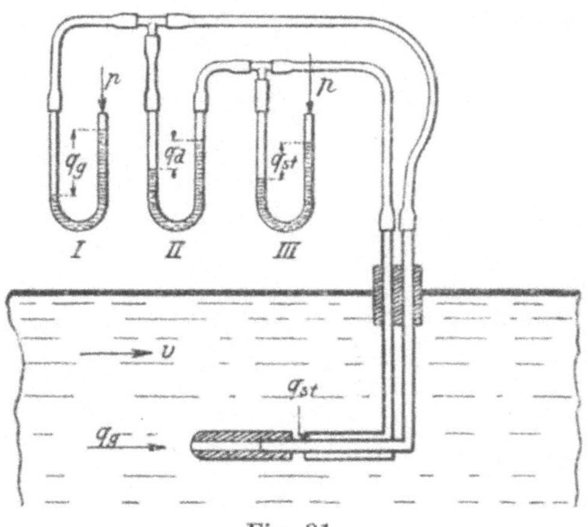

Fig. 31.

Zur Feststellung der
in Saug- und Druckleitung
erzeugten Drücke, welche
in der Regel in mm WS
gemessen werden, bedient
man sich sog. Staugeräte
in Verbindung mit Wasser-
manometern. Wie aus Fig.
31 u. 32 hervorgeht, kön-
nen auf diese Weise fol-
gende Druckgrößen unmit-
telbar abgelesen werden:

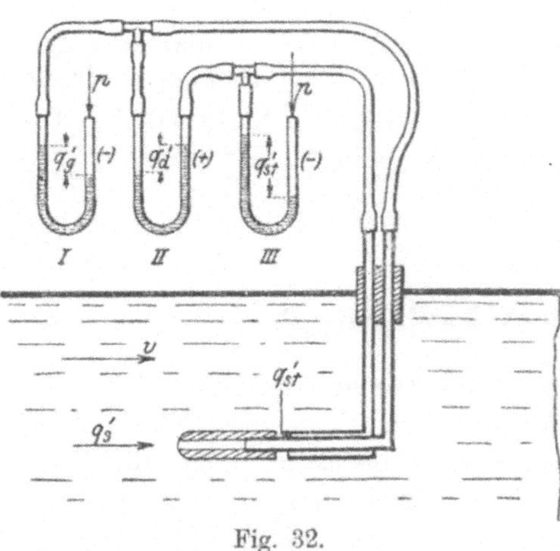

Fig. 32.

a) **Statischer Druck** q_{st}
bzw. q_{st}'.

Hierunter versteht
man denjenigen Druck,
welchen ein Manometer
beim Anschluß an eine,
mit der inneren Kanal-
wand abschneidende, also
nicht in den Luftstrom
ragende Röhre anzeigen
würde. Die eigenartige
Konstruktion der in den
Kanal eingeführten Stau-
geräte (Fig. 31 und 32) gestattet jedoch ebenfalls die genaue Ablesung des statischen Druckes. Dieser kann sowohl als Überdruck
wie als Unterdruck (Depression) auftreten und demgemäß das $+$-
oder $-$-Zeichen erhalten.

b) Dynamischer Druck q_d bzw. q_d'.

Tritt der strömenden Luft ein Hindernis entgegen, durch welches die Strömungsgeschwindigkeit $v = 0$ wird, so erfolgt eine Drucksteigerung, welche in maximo die Größe:

$$q_d = \gamma_l \frac{v^2}{2\,g} \text{ mm WS} \quad\ldots\ldots\ldots \quad (100)$$

annimmt. Gleichzeitig ist q_d derjenige Druck, welcher die Strömungsgeschwindigkeit v in dem betreffenden Querschnitt hervorzurufen vermag.

Die Entstehung der obigen Gleichung ist bereits im Abschn. II (S. 41) erläutert worden, wobei an Stelle von q_d die Bezeichnung h_d gewählt worden war.

Der dynamische Druck muß immer positiv sein, erhält somit stets das $+$ Zeichen.

c) Gesamtdruck q_g bzw. q_g'.

Die algebraische Summe des statischen und dynamischen Druckes heißt „Gesamtdruck"

$$q_g = q_{st} + q_d. \quad\ldots\ldots\ldots\ldots \quad (101)$$

Bei saugenden Ventilatoren (Exhaustoren) wird q_{st} im Zuluftkanal — sofern ein solcher vorhanden ist — negativ (Unterdruck oder Depression), während der dynamische Druck auch hier immer positiv sein muß.

Bestimmung des vom Ventilator geförderten Luftvolumens.

Zwecks Ermittlung des, einen bestimmten Querschnitt durchströmenden Luftvolumens ist es erforderlich, den dynamischen Druck möglichst genau zu messen, um mit Hilfe der Gl. 100 die Strömungsgeschwindigkeit an der Meßstelle berechnen zu können. Es ist dann:

$$v = \sqrt{\frac{2\,q_d\,g}{\gamma_l}} \text{ m/sec.} \quad\ldots\ldots\ldots \quad (102)$$

In der Praxis werden hierzu sog. Mikromanometer benutzt, die sich sowohl für Versuche als auch zur ständigen Kontrolle der Luftmengen eignen.

Durch Schrägneigung der Meßröhre wird eine beliebige „Übersetzung" und damit eine äußerst genaue Angabe selbst kleiner dynamischer Drücke erreicht. (S. Fig. 33.) Der Anschluß des Druckmessers an das Staurohr erfolgt in der Weise, daß im Gefäß „a" der Gesamtdruck q_g und in der Glasröhre „b" der statische Druck

q_{st} zur Wirkung gelangen. Aus Gl. 101 folgt, daß q_d die Differenz zwischen dem Gesamtdruck und dem statischen Druck ist:

$$q_d = q_g - q_{st}.$$

Auf der oberen Skala des Instrumentes kann nun q_d unmittelbar abgelesen werden, während auf der unteren die nach Gl. 102 berechneten Geschwindigkeiten vermerkt sind. Das spezifische Gewicht der Luft γ_l wird hierbei gewöhnlich für trockene Luft von $15^0\,C$ geltend eingesetzt.

Bei anderen Wärmegraden ist „v" nach Gl. 102 gemäß dem gemessenen Drucke q_d und dem wirklichen spez. Gewicht γ_l zu

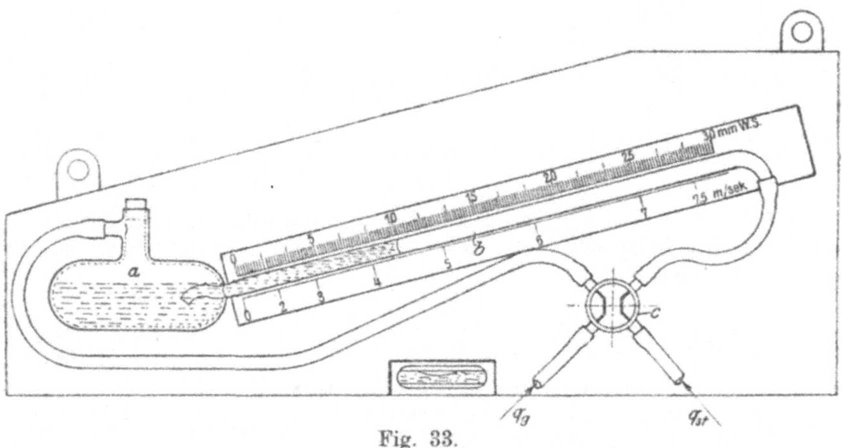

Fig. 33.

bestimmen. Durch entsprechende Schaltung des Dreiwegehahnes „c" können auch q_{st} und q_g leicht abgelesen werden.

Gewöhnlich wird an Stelle des Wassers rotgefärbter Alkohol als Füllmittel benutzt und die Skala dem spezifischen Gewicht desselben angepaßt.

Die Strömungsgeschwindigkeit v wird nun keineswegs an allen Punkten des Kanalquerschnittes die gleiche Größe besitzen. Es ist deshalb erforderlich, diesen in mehrere flächengleiche Unterabteilungen zu zerlegen und im Mittelpunkt derselben q_d zu messen. Das Produkt aus dem Mittelwert der berechneten Geschwindigkeiten und dem Kanalquerschnitt F ergibt das gesuchte Luftvolumen in cbm/sec:

$$V_{sec} = F \cdot v \text{ cbm/sec.}$$

Eine andere Methode zur Bestimmung der Liefermenge eines Ventilators ist durch den Gebrauch des sog. Anemometers gegeben. Wir verweisen hier auf das von A. Gramberg in seinem Werke „Technische Messungen" (2. Aufl. S. 67) beschriebene Verfahren.

Kraftverbrauch des Ventilators.

Wir haben bislang die Druckgrößen q_g, q_{st} und q_d in mm WS ausgedrückt. Denkt man eine Fläche von 1 qm Inhalt 1 mm hoch mit Wasser bedeckt, so beträgt das Gewicht dieses gerade 1 kg. Hieraus erhellt, daß man mm WS stets durch kg/qm ersetzen kann. Wie aus Fig. 31 und 32 ersichtlich ist, sind die Schenkel I und III der Wassermanometer an einem Ende offen, sodaß der Druck der

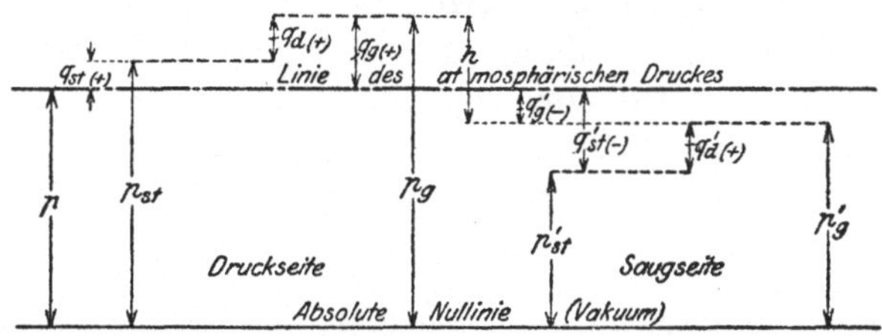

Fig. 34.

Außenluft p (kg/qm) auf die Wassersäule einwirkt. Die absoluten Druckgrößen sind somit durch die folgenden algebraischen Summen auszudrücken (vgl. Fig. 34):

Absoluter Gesamtdruck vor dem Ventilator:

$$p_g' = p + q_g' \text{ kg/qm}, \quad \ldots \ldots \ldots (103)$$

desgleichen hinter dem Ventilator:

$$p_g = p + q_g \text{ kg/qm} \quad \ldots \ldots \ldots (103\text{a})$$

Absoluter statischer Druck vor dem Ventilator:

$$p_{st}' = p + q_{st}' \text{ kg/qm}, \quad \ldots \ldots \ldots (104)$$

desgleichen hinter dem Ventilator:

$$p_{st} = p + q_{st} \text{ kg/qm}. \quad \ldots \ldots \ldots (104\text{a})$$

Bezeichnen v_e die Luftgeschwindigkeit auf der Saugseite, v_a die Luftgeschwindigkeit auf der Druckseite und γ_l' bzw. γ_l die entsprechenden spezifischen Gewichte der Luft daselbst, so wird

$$q_d' = \gamma_l' \frac{v_e^2}{2\,g}$$

und

$$q_d = \gamma_l \frac{v_a^2}{2\,g}.$$

Wir erhalten deshalb für die Berechnung der absoluten Gesamtdrücke noch die folgenden Beziehungen:

$$p_g' = p_{st}' + \gamma_l' \frac{v_e^2}{2\,g} \quad \text{kg/qm} \quad \ldots \ldots \ldots \quad (105)$$

$$p_g = p_{st} + \gamma_l \frac{v_a^2}{2\,g} \quad \text{kg/qm} \quad \ldots \ldots \quad (105\,\text{a})$$

oder

$$p_g' = p_{st} + q_d' \quad \text{kg/qm} \quad \ldots \ldots \ldots \quad (106)$$

$$p_g = p_{st} + q_d \quad \text{kg/qm} \quad \ldots \ldots \ldots \quad (106\,\text{a})$$

Es ist zu beachten, daß Überdrücke das positive, Unterdrücke das negative Vorzeichen erhalten. Da der dynamische Druck immer positiv sein muß, so wird der absolute Gesamtdruck stets größer sein als der absolute statische Druck (vgl. Fig. 34).

Bei dem normalen Barometerstande $q = 760$ mm Hg ist

$$p = 10\,333 \quad \text{kg/qm}.$$

Hat der Druck der Atmosphäre eine beliebige andere Größe q_x, so ist p zu berechnen aus

$$p = \frac{q_x}{760} \cdot 10\,333 \quad \text{kg/qm}.$$

Die Luft wird nun offenbar aus einem Raume (Saugkanal), in welchem der absolute Druck p_g' herrscht, angesaugt und in einen Raum (Druckkanal) gedrückt, in dem die Spannung p_g herrscht. Nimmt man an, diese Zustandsänderung erfolge isothermisch, d. h. bei konstanter Temperatur, so kann hier die aus der Thermodynamik bekannte Beziehung

$$L = p_1\,v_1 \ln \frac{p_2}{p_1} \quad \text{mkg/1 kg Gas}$$

zur Ermittlung des zur Verdichtung erforderlichen kleinsten Arbeitsaufwandes benutzt werden. Hierin bedeuten p_1 bzw. p_2 die absoluten Drücke des betreffenden Gases in kg/qm vor bzw. nach der Verdichtung und v_1 das spezifische Volumen (cbm/1 kg) des Gases bei dem abs. Drucke p_1. Ersetzen wir v_1 durch das sekundliche Volumen V_e der vom Ventilator zu fördernden Luftmenge, ferner p_1 und p_2 durch p_g' und p_g, so folgt als absolute Arbeitsenergie, welch zur Verdichtung von V_e cbm/sec. erforderlich ist:

$$A = p_g'\,V_e \ln \frac{p_g}{p_g'} \quad \text{mkg/sec} \quad \ldots \ldots \quad (107)$$

Da offenbar der Gesamtdruck die Gesamtenergie der Volumeneinheit strömender Luft bestimmt, so kann für die Berechnung der aufzuwendenden Arbeitsenergie nur p_g, nicht aber der statische Druck p_{st} maßgebend sein. Zwecks Elimination des ln haben wir uns der bekannten logarithmischen Reihe (vgl. „Hütte", 22. Aufl., S. 36) zu bedienen:

$$\ln \frac{1+x}{1-x} = 2\left(x + \frac{x^3}{3} + \frac{x^5}{5} + \cdots\right).$$

Setzen wir

$$\frac{p_g}{p_g{}'} = \frac{1+x}{1-x},$$

so ist

$$x = \frac{p_g - p_g{}'}{p + p_g{}'}.$$

Mit Benutzung dieser Beziehung wird

$$p_g{}' V_e \ln \frac{p_g}{p_g{}'} = 2\, p_g{}' V_e \left(\frac{p_g - p_g{}'}{p_g + p_g{}'} + \tfrac{1}{3}\left(\frac{p_g - p_g{}'}{p_g + p_g{}'}\right)^3 + \cdots\right).$$

Da die Verdichtung der Luft bei unveränderlicher Temperatur (isothermisch) erfolgen sollte, so wird das mittlere Volumen V_m, welches der Ventilator fortzuschaffen hat, dem arithmetischen Mittel der absoluten Drücke p_g und $p_g{}'$ entsprechen und man kann setzen:

$$\frac{p_g + p_g{}'}{2} V_m = p_g{}' V_e,$$

denn es gilt die Proportion:

$$\frac{p_g + p_g{}'}{2} : p_g{}' = V_e : V_m.$$

Vernachlässigen wir jetzt alle höheren Glieder der Reihe, so folgt:

$$A = 2 \frac{p_g + p_g{}'}{2} V_m \left(\frac{p_g - p_g{}'}{p_g + p_g{}'}\right)$$

und wir erhalten den einfachen Ausdruck:

$$A = V_m\,(p_g - p_g{}') \text{ mkg/sec} \quad \ldots \ldots \quad (108)$$

Es ist nun allgemein üblich, den Gesamtdruckunterschied vor und hinter dem Ventilator mit „h" (mm WS $=$ kg/qm) zu bezeichnen:

$$h = p_g - p_g{}'.$$

Wir können somit auch schreiben:

$$A = V_m\,h \text{ mkg/sec} \quad \ldots \ldots \ldots \quad (108\,\text{a})$$

Die Druckdifferenz h ist stets eine positive Größe und darf nicht mit den abgelesenen statischen Drücken q_{st} und $q_{st}{}'$ (Fig. 31/32) verwechselt werden.

Aus Gl. 108a erhält man nun leicht den **Kraftbedarf** des

Ventilators in PS.   Unter Berücksichtigung des mechanischen Wirkungsgrades folgt

$$N = \frac{V_m\,h}{75\,\eta} \text{ PS} \quad\ldots\ldots\ldots\ldots (109)$$

Die Ermittlung der mittleren sekundlichen Luftmenge V_m ergibt sich nun aus der nachstehenden Betrachtung.

Die sekundliche Geschwindigkeit v_0 der Luft sei an einer beliebigen Stelle des Saug- oder Druckkanals entweder mittels Anemometers oder aus den dynamischen Drücken ermittelt worden, sodaß die sekundliche Luftmenge, welche den Querschnitt F an der Meßstelle durchströmt

$$V_{sec} = F\,v_0$$

wird. Diesem Volumen entspreche die Temperatur t_0 und der statische Druck p_0. Bis zum Ventilator finde eine Erwärmung oder Abkühlung der Luft auf t^0 statt, welche Temperatur bei der Zustandsänderung im Ventilator unverändert bleiben möge. Das mittlere Volumen V_m, welches das Gehäuse durchfließt, entspricht, wie wir oben gesehen haben, dem mittleren Drucke $\dfrac{p_g + p_g'}{2}$ und ferner der Temperatur t. Man kann folglich aus dem gemessenen Werte V_{sec} das für die Nutzleistung in Betracht kommende Volumen V_m berechnen, wenn den angeführten Zustandsänderungen der Luft zwischen Meßstelle und Ventilator Rechnung getragen wird. Nach dem Boyle-Gay-Lussacschen Gesetz verhält sich

$$V_m : V_{sec} = p_0\,(273 + t) : \frac{p_g + p_g'}{2}\,(273 + t_0),$$

somit ist:

$$V_m = V_{sec}\,\frac{p_0}{\dfrac{p_g + p_g'}{2}} \cdot \frac{273 + t}{273 + t_0} \quad\ldots\ldots (110)$$

Besitzt der Ventilator keine Saugleitung und befindet sich die Luft im Ansaugeraume im Zustande der Ruhe, so gilt als Gesamtdruck vor der Maschine der statische Druck p_{st}'. Derselbe wird also in den meisten Fällen gleich dem herrschenden Luftdruck p sein. Wir erhalten als Gesamtdruckunterschied somit

$$h = p_g - p \text{ kg/qm (mm WS)}.$$

Fehlt die Druckleitung, so hat man die Summe

$$p + \gamma_l \frac{v_a^2}{2\,g} = p + q_d$$

als Gesamtdruck hinter dem Ventilator anzusehen, rechnet folglich gerade so, als wenn die Bewegungsenergie der ausströmenden Luft vollständig in Druckenergie umgewandelt würde.

Es folgt:

$$h = \left(p + \gamma_l \frac{v_a^2}{2\,g}\right) - p_g' \quad \text{kg/qm}$$

oder

$$h = (p + q_d) - p_g' \quad \text{kg/qm}.$$

Beispiel 32.

An einem Ventilator wurden gemessen:

Statischer Unterdruck vor der Maschine: $q_{st}' = -20$ mm WS,

dynamischer Druck „ „ „ $q_d' = +40$ mm WS,

statischer Überdruck hinter der Maschine: $q_{st} = +80$ mm WS,

dynamischer Druck „ „ „ $q_d = +40$ mm WS.

Der herrschende Barometerstand war $q_x = 720$ mm Hg und die Temperatur vor und hinter dem Ventilator $t = 30^0$. Eine Strecke vor dem Ventilator wurde in der Saugleitung der statische Unterdruck $q_0 = -20$ mm WS, die Temperatur $t_0 = 50^0$ und die Liefermenge $V_{sec} = 0{,}8$ cbm/sec festgestellt.

Wie groß ist der Gesamtdruckunterschied h und wieviel Kraft verbraucht der Ventilator bei einem mechanischen Wirkungsgrade $\eta = 0{,}5$?

Der atmosphärische Druck ist:

$$p = \frac{720}{760}\,10\,333 = 9\,800 \quad \text{kg/qm}.$$

Nach Gl. 104 ergibt sich der absolute statische Druck auf der Saugseite:

$$p_{st}' = p + q_{st}' = 9800 + (-20) = 9780 \quad \text{mm WS},$$

und der absolute Gesamtdruck nach Gl. 106:

$$p_g' = p_{st}' + q_d' = 9780 + 40 = 9820 \quad \text{mm WS}.$$

Auf der Druckseite herrscht der statische Druck (Gl. 104a)

$$p_{st} = p + q_{st} = 9800 + 80 = 9880 \quad \text{mm WS}$$

und der Gesamtdruck (Gl. 106a)

$$p_g = p_{st} + q_d = 9880 + 40 = 9920 \quad \text{mm WS}.$$

Der Gesamtdruckunterschied vor und hinter dem Ventilator ist somit:

$$h = p_g - p_g' = 9920 - 9820 = 100 \quad \text{mm WS}.$$

Mit Benutzung der bekannten Werte folgt aus Gl. 110:

$$V_m = 0{,}8 \, \frac{\dfrac{9800 + (-20)}{9920 + 9820}}{2} \cdot \frac{273 + 30}{273 + 50}$$

$$V_m = 0{,}745 \ \text{cbm/sec.}$$

Ferner wird nach Gl. 109

$$N = \frac{0{,}745 \cdot 100}{75 \cdot 0{,}5} \simeq 2 \ \text{PS.}$$

Von Wichtigkeit sind die folgenden Gesetze, welche (mit Ausnahme von 1) auf der Voraussetzung basieren, daß bei Veränderung der Tourenzahl alle Verhältnisse des Saug und Druckkanals unverändert bleiben, also weder eine Verengung noch Erweiterung der Querschnitte des Leitungsnetzes erfolge.

Ferner wird angenommen, daß weder der manometrische noch der mechanische Wirkungsgrad des Ventilators sich ändere. Dies wird in Wirklichkeit nur innerhalb gewisser Grenzen zutreffen, da beide nur bei bestimmten Tourenzahlen ihren günstigsten Wert annehmen können.

Bei genauen Leistungsangaben wäre somit diesem Umstande Rechnung zu tragen, was aber nur auf Grund von Daten geschehen kann, die durch systematische Versuche gefunden worden sind. Wir wollen hier lediglich die theoretisch gültigen Beziehungen wiedergeben.

1. **Bei unveränderlicher Tourenzahl ist das Produkt $V \cdot h$ bei einem bestimmten Ventilator konstant.**

$$\boldsymbol{Vh = \textbf{konstant.}} \qquad \ldots \ldots \quad (111)$$

Sinkt also der Druckunterschied h, so wächst die Luftmenge im selben Verhältnis; wird h vergrößert (z. B. durch Drosselung), so vermindert sich V proportional zur Steigerung der Druckdifferenz.

2. **Die Tourenzahlen sind den gelieferten Luftmengen proportional.**

$$\frac{n_1}{n_2} = \frac{V_1}{V_2}. \qquad \ldots \ldots \ldots \quad (112)$$

3. **Die Druckunterschiede sind den Quadraten der Tourenzahlen proportional.**

$$\frac{h_1}{h_2} = \frac{n_1{}^2}{n_2{}^2} \qquad \ldots \ldots \ldots \quad (113)$$

4. **Der Kraftverbrauch ändert sich mit der dritten Potenz der Tourenzahlen.**

$$\frac{N_1}{N_2} = \frac{n_1{}^3}{n_2{}^3}. \qquad \ldots \ldots \ldots \quad (114)$$

5. Bleiben Druckunterschied h, Umfangsgeschwindigkeit („c") und manometrischer Wirkungsgrad (η_m) unverändert, so verhalten sich die Luftmengen sehr angenähert wie die Quadrate der Durchmesser.

$$\frac{V_1}{V_2} = \frac{D_1^2}{D_2^2}. \quad \cdots \cdots \cdots \quad (115)$$

Die Luftvolumina V_1 und V_2 können nach Belieben in cbm/sec, cbm/min oder cbm/std. eingesetzt werden, da es sich stets um ein Verhältnis der Luftmengen handelt.

Die Gleichungen 112 und 113 lassen erkennen, daß durch Veränderung der Tourenzahl von n_1 auf n_2 bei gleichbleibendem Leitungsnetz eine ganz bestimmte Druckdifferenz h_2 und ebenso, zwangläufig, ein bestimmtes Volumen V_2 erreicht werden. Ändert man jedoch mit der Tourenzahl die Leitungswiderstände, so ergibt sich ein, den neuen Verhältnissen entsprechender Druckunterschied h_x und eine davon abhängige Fördermenge V_x. Die Aufgabe kann dann z. B. lauten:

Für einen Ventilator seien gegeben: die Druckdifferenz h_1 und die Fördermenge V_1 bei der Tourenzahl n_1. Durch Veränderung der letzteren auf n_2 soll ein Druckunterschied h_x erreicht werden; wie groß ist alsdann das entsprechende Luftvolumen V_x?

Nach Gl. 113 war

$$\frac{n_1^2}{n_2^2} = \frac{h_1}{h_2}$$

und nach Gl. 112:

$$\frac{n_1}{n_2} = \frac{V_1}{V_2}.$$

Dividiert man Gl. 113 durch Gl. 112, so folgt

$$\frac{n_1}{n_2} = \frac{h_1}{h_2} \cdot \frac{V_2}{V_1}.$$

Ferner muß nunmehr nach Gl. 110 die Beziehung gelten:

$$V_x \cdot h_x = V_2 h_2$$

und es wird

$$V_2 = \frac{V_x \cdot h_x}{h_2}.$$

Mit Benutzung dieses Wertes wird:

$$\frac{n_1}{n_2} = \frac{h_1}{h_2} \cdot \frac{V_x}{V_1} \cdot \frac{h_x}{h_2} = \frac{h_1}{h_2^2} \cdot \frac{V_x}{V_1} \cdot h_x.$$

Aus Gl. 113 ergibt sich

$$h_2 = h_1 \frac{n_2^2}{n_1^2}$$

und somit

$$h_2{}^2 = h_1{}^2 \frac{n_2{}^4}{n_1{}^4}.$$

Wird dieser Wert in die obige Beziehung $\frac{n_1}{n_2}$ eingesetzt, so folgt:

$$\frac{n_1}{n_2} = \frac{h_1\, n_1{}^4\, V_x\, h_x}{h_1{}^2\, n_2{}^4\, V_1}$$

oder

$$\frac{V_x}{V_1} \cdot \frac{h_x}{h_1} \cdot \frac{n_1{}^3}{n_2{}^3} = 1,$$

und man erhält hieraus:

$$V_x = \frac{n_2{}^3}{n_1{}^3} \cdot \frac{h_1}{h_x} \cdot V_1 \text{ cbm} \quad \dots \dots \dots \quad (116)$$

$$h_x = h_1 \cdot \frac{n_2{}^3}{n_1{}^3} \cdot \frac{V_1}{V_x} \text{ mm WS} \quad \dots \dots \quad (117)$$

$$n_2 = n_1 \sqrt[3]{\frac{h_x}{h_1} \cdot \frac{V_x}{V_1}} \quad \dots \dots \dots \quad (118)$$

Für den Fall, daß bei Veränderung der Tourenzahl $V_x = V_1$ bleiben soll, folgt nach Gl. 117:

$$h_x = h_1 \frac{n_2{}^3}{n_1{}^3} \text{ mm WS,} \quad \dots \dots \dots \quad (119)$$

ferner wird nach Gl. 118:

$$n_2 = n_1 \sqrt[3]{\frac{h_x}{h_1}}. \quad \dots \dots \dots \quad (120)$$

Beispiel 33.

Ein Ventilator leistet bei einem Druckunterschied von $h = 80$ mm WS $V = 150$ cbm/min. Wieviel cbm (V_x) werden gefördert, wenn die Druckdifferenz (z. B. durch Drosselung) auf $h = 100$ mm WS steigt, während die Tourenzal konstant bleibt?

Nach Gl. 111 muß sein:

$$V_x \cdot 100 = 150 \cdot 80,$$

somit

$$V_x = 120 \text{ cbm/min.}$$

Eine Veränderung des Kraftverbrauches erfolgt n i c h t.

Beispiel 34.

Ein Ventilator liefert bei $n_1 = 800$ Touren $V_1 = 200$ cbm/min. Auf welche Tourenzahl n_2 muß er gebracht werden, wenn $V_2 = 270$ cbm gefördert werden sollen?

Nach Gl. 112 ist:

$$\frac{800}{n_2} = \frac{200}{270}$$

$$n_2 = 1080 \text{ Touren.}$$

Beispiel 35.

Bei $V_1 = 200$ cbm/min war $h_1 = 80$ mm WS. Wie groß ist h_2, wenn die Tourenzahl von $n_1 = 800$ auf $n_2 = 1080$ gesteigert wird?

Gemäß Gl. 113 folgt:

$$\frac{80}{h_2} = \frac{800^2}{1080^2}$$

$$h_2 = 146 \text{ mm WS}.$$

Es ist hierbei nicht zu vergessen, daß die Erhöhung des Druckunterschiedes ungewollt erfolgt, d. h. trotz völlig unveränderten Zustandes des Trockners und seiner Luftleitungen.

Beispiel 36.

Bei $n_1 = 800$ betrug der Kraftverbrauch $N_1 = 6{,}5$ PS. Wie groß wird dieser bei $n_2 = 1080$ Touren?

Aus Gl. 114 ergibt sich:

$$\frac{5}{N_2} = \frac{800^3}{1080^3}$$

$$N_2 = \frac{1080^3}{800^3} \cdot 6.5 \approx 16 \text{ PS}.$$

Beispiel 37.

Ein Exhaustor von $D_1 = 900$ mm Flügelraddurchmesser leistete $V_1 = 200$ cbm/min. Er soll durch einen größeren ersetzt werden, welcher $V_2 = 270$ cbm/min fördert. Welchen Durchmesser D_2 muß der neue Ventilator erhalten, wenn Druckunterschied h, Umfangsgeschwindigkeit des Flügelrades c, sowie der manometrische Wirkungsgrad η_m dieselbe Größe besitzen, wie bei dem alten?

Nach Gl. 115 ist:

$$\frac{200}{270} = \frac{900^2}{D_2{}^2}$$

somit

$$D_2 = 900 \sqrt{\frac{270}{200}}$$

$$D_2 \approx 1050 \text{ mm}.$$

Beispiel 38.

Ein Exhaustor leistet bei $n_1 = 325$ Touren $V_1 = 1670$ cbm/min, wobei der Druckunterschied $h_1 = 50$ mm WS beträgt. Wieviel cbm (V_x) wird er fördern, wenn die Tourenzahl auf $n_2 = 400$ erhöht wird und hierbei mit einer Druckdifferenz $h_x = 80$ mm WS zu rechnen ist?

Nach Gl. 116 folgt:

$$V_x = \frac{400^3 \cdot 50}{325^3 \cdot 80} \cdot 1670$$

$$V = 1950 \text{ cbm/min}.$$

Beispiel 39.

Ein Ventilator leistet bei $n_1 = 325$ Touren $V_1 = 1670$ cbm/min, wobei $h_1 = 50$ mm WS ist. Welcher Druckunterschied h_x ist erreichbar, wenn die Tourenzahl auf $n_2 = 425$ erhöht wird und die Luftmenge sodann $V_x = 1500$ cbm/min betragen soll?

Nach Gl. 117 ist:

$$h_x = 50 \cdot \frac{425^3}{325^3} \cdot \frac{1650}{1500}$$

$$h_x = 124 \text{ mm WS.}$$

Beispiel 40.

Ein Ventilator leistet bei $n_1 = 325$ Touren und $h_1 = 50$ mm WS, $V_1 = 1670$ cbm/min. Welche Tourenzahl n_2 ist zu wählen, wenn $V_x = 1800$ cbm/min bei $h_x = 90$ mm WS gefördert werden müssen?

Gemäß Gl. 118 ist:

$$n_2 = 325 \sqrt[3]{\frac{90}{50} \cdot \frac{1800}{1670}}$$

$$n_2 \backsimeq 407.$$

Beispiel 41.

Ein Ventilator leistet bei $n_1 = 325$ Touren und $h_1 = 50$ mm WS $V_1 = 1670$ cbm/min. Welcher Druckunterschied h_x wird erreicht, wenn die Tourenzahl auf $n_2 = 390$ erhöht wird, während die Fördermenge unverändert $= 1670$ cbm/min bleiben soll?

Nach Gl. 119 ist:

$$h_x = 50 \cdot \frac{390^3}{325^3} \backsimeq 86 \text{ mm WS.}$$

Beispiel 43.

Ein Ventilator leistet bei $n_1 = 325$ Touren und $h_1 = 50$ mm WS $V_1 = 1670$ cbm/min. Wie groß muß die Tourenzahl n_2 werden, wenn der Druckunterschied $h_x = 110$ mm WS betragen soll, während die Fördermenge $= 1670$ cbm/min bleibt.

Nach Gl. 120 folgt:

$$n_2 = 325 \sqrt[3]{\frac{110}{50}} \backsimeq 425.$$

In gleicher Weise kann man auch V_x und h_x berechnen, wenn die Tourenzahl n_1 nicht, wie in vorstehenden Beispielen erhöht, sondern vermindert wird. Der entsprechende Kraftverbrauch berechnet sich wie weiter oben erläutert worden ist. Naturgemäß liegen V_x und h_x in bestimmten Grenzen, welche durch Größe und Bauart des Ventilators bedingt sind, und nur innerhalb dieser gelten die vorstehenden Beziehungen.

V. Tabellen.

Tabelle I[1]).

Dampf- und Luftspannung, Dampfgewicht in 1 cbm und 1 kg Luft, spezifisches Gewicht des trocknen Anteils der Luft bei einem Barometerstand von 760 mm Hg.

1	x = 1 (100 % relative Feuchtigkeit)					x = 0,9 (90 % relative Feuchtigkeit)					x = 0,8 (80 % relative Feuchtigkeit)					17
1	2	3	4	5	6	7	8	9	10	11	12	13	14	15	16	17
Temperatur $t°$ C	Spannung des Dampfes q_s (mm Hg)	Dampfgehalt/ cbm Luft γ_s (kg)	Dampfgehalt/kg d. trocknen Teiles der Luft d (kg)	Teilspannung der Luft q_l (mm Hg)	Spez. Gewicht d. trocknen Teiles d. Luft γ_l (kg/cbm)	Spannung des Dampfes q_a (mm Hg)	Dampfgehalt/ cbm Luft γ_a (kg)	Dampfgehalt/kg d. trocknen Teiles der Luft d' (kg)	Teilspannung der Luft q_l' (mm Hg)	Spez. Gewicht d. trocknen Teiles d. Luft γ_l' (kg/cbm)	Spannung des Dampfes q_a (mm Hg)	Dampfgehalt/ cbm Luft γ_a (kg/cbm)	Dampfgehalt/kg d. trocknen Teiles der Luft d' (kg)	Teilspannung der Luft q_l' (mm Hg)	Spez. Gewicht d. trocknen Teiles d. Luft γ_l' (kg/cbm)	Temperatur $t°$ C
− 10	2,16	0,00222	0,00166	757,84	1,338	1,94	0,00199	0,00149	758,06	1,338	1,73	0,00177	0,00132	758,27	1,338	− 10
− 5	3,17	0,00326	0,00248	756,83	1,311	2,85	0,00293	0,00223	757,15	1,311	2,54	0,00260	0,00198	757,46	1,312	− 5
± 0	4,58	0,00474	0,00369	755,42	1,284	4,12	0,00426	0,00331	755,88	1,285	3,66	0,00379	0,00294	756,34	1,286	± 0
+ 1	4,92	0,00505	0,00395	755,08	1,278	4,43	0,00454	0,00355	755,57	1,279	3,94	0,00404	0,00315	756,06	1,280	+ 1
2	5,29	0,00541	0,00424	754,71	1,274	4,76	0,00486	0,00381	755,24	1,275	4,23	0,00432	0,00339	755,77	1,276	2
3	5,68	0,00581	0,00458	754,32	1,268	5,11	0,00522	0,00412	754,89	1,269	4,54	0,00464	0,00365	755,46	1,270	3
4	6,09	0,00621	0,00491	753,91	1,264	5,48	0,00558	0,00441	754,52	1,265	4,87	0,00496	0,00392	755,13	1,266	4
5	6,53	0,00667	0,00530	753,47	1,258	5,88	0,00600	0,00476	754,12	1,259	5,22	0,00533	0,00423	754,78	1,260	5
6	7,00	0,00709	0,00565	753,00	1,253	6,30	0,00638	0,00508	753,70	1,254	5,60	0,00567	0,00451	754,40	1,255	6
7	7,49	0,00758	0,00607	752,51	1,248	6,74	0,00682	0,00546	753,26	1,249	5,99	0,00606	0,00485	754,01	1,250	7
8	8,02	0,00813	0,00654	751,98	1,242	7,22	0,00731	0,00588	752,78	1,244	6,42	0,00650	0,00522	753,58	1,245	8
9	8,58	0,00862	0,00696	751,42	1,237	7,72	0,00775	0,00626	752,18	1,238	6,86	0,00689	0,00556	753,04	1,240	9
10	9,21	0,00940	0,00762	750,69	1,232	8,29	0,00846	0,00685	751,71	1,234	7,37	0,00752	0,00608	752,63	1,235	10
11	9,84	0,01003	0,00818	750,16	1,226	8,86	0,00902	0,00735	751,14	1,227	7,87	0,00802	0,00652	752,13	1,229	11
12	10,52	0,01067	0,00873	749,48	1,221	9,47	0,00960	0,00785	750,53	1,223	8,42	0,00853	0,00697	751,58	1,224	12
13	11,22	0,01138	0,00935	748,77	1,216	10,11	0,01024	0,00840	749,89	1,218	8,98	0,00910	0,00746	751,02	1,220	13
14	11,99	0,01205	0,00995	748,01	1,210	10,79	0,01084	0,00895	749,21	1,211	9,59	0,00964	0,00794	750,41	1,213	14
15	12,79	0,01283	0,01064	747,21	1,205	11,51	0,01154	0,00956	748,49	1,207	10,23	0,01026	0,00848	749,77	1,209	15
16	13,64	0,01366	0,01139	746,36	1,199	12,28	0,01229	0,01022	747,72	1,202	10,91	0,01092	0,00907	749,09	1,204	16
17	14,5	0,01449	0,01214	745,50	1,193	13,05	0,01304	0,01091	746,95	1,195	11,60	0,01159	0,00968	748,40	1,197	17
18	15,5	0,01536	0,01294	744,50	1,187	13,95	0,01382	0,01161	746,05	1,190	12,40	0,01228	0,01030	747,60	1,192	18
19	16,5	0,01629	0,01378	743,50	1,182	14,85	0,01466	0,01237	745,15	1,185	13,20	0,01303	0,01097	746,80	1,187	19
20	17,5	0,0173	0,01471	742,50	1,176	15,75	0,01557	0,01320	744,25	1,179	14,00	0,01384	0,01170	746,00	1,182	20
21	18,6	0,0183	0,01562	741,35	1,171	16,79	0,01647	0,01402	743,21	1,174	14,92	0,01464	0,01244	745,08	1,176	21

22	19,8	0,0194	0,01666	740,20	1,164	17,82	0,01746	0,01496	742,18	1,167	15,84	0,01552	0,01325	744,16	1,171	22
23	21,1	0,0206	0,01778	738,90	1,158	18,99	0,01854	0,01596	741,01	1,161	16,88	0,01648	0,01415	743,12	1,164	23
24	22,4	0,0218	0,01892	737,60	1,152	20,16	0,01962	0,01697	739,84	1,156	17,92	0,01744	0,01504	742,08	1,159	24
25	23,8	0,0230	0,02006	736,20	1,146	21,42	0,02070	0,01800	738,58	1,150	19,04	0,01840	0,01594	740,96	1,154	25
26	25,2	0,0244	0,02140	734,80	1,140	22,68	0,02196	0,01919	737,32	1,144	20,16	0,01952	0,01700	739,84	1,148	26
27	26,7	0,0258	0,02275	733,30	1,134	24,03	0,02322	0,02038	735,97	1,139	21,36	0,02064	0,01805	738,64	1,143	27
28	28,3	0,0272	0,02411	731,65	1,128	25,52	0,02448	0,02160	734,48	1,133	22,68	0,02176	0,01913	737,32	1,137	28
29	30,0	0,0287	0,02557	729,95	1,122	27,05	0,02583	0,02291	732,95	1,127	24,04	0,02296	0,02030	735,96	1,131	29
30	31,8	0,0304	0,02724	728,20	1,116	28,62	0,02736	0,02442	731,38	1,120	25,44	0,02432	0,02167	734,56	1,125	30
31	33,7	0,0320	0,02885	726,30	1,109	30,33	0,02880	0,02585	729,67	1,114	26,96	0,02560	0,02287	733,04	1,119	31
32	35,7	0,0338	0,03067	724,30	1,102	32,13	0,03042	0,02745	727,87	1,108	28,56	0,02704	0,02429	731,44	1,113	32
33	37,7	0,0357	0,03260	722,30	1,095	33,93	0,03213	0,02918	726,09	1,101	30,16	0,02856	0,02582	729,84	1,106	33
34	39,9	0,0376	0,03455	720,10	1,088	35,91	0,03384	0,03093	724,09	1,094	31,92	0,03008	0,02734	728,08	1,100	34
35	42,2	0,0396	0,03663	717,80	1,081	37,98	0,03564	0,03278	722,02	1,087	33,76	0,03168	0,02895	726,24	1,094	35
36	44,6	0,0418	0,03888	715,40	1,075	40,14	0,03762	0,03476	719,86	1,082	35,68	0,03344	0,03070	724,32	1,089	36
37	47,1	0,0440	0,04119	712,90	1,068	42,39	0,03960	0,03683	717,61	1,075	37,68	0,03570	0,03253	722,32	1,082	37
38	49,7	0,0463	0,04367	710,30	1,060	44,73	0,04167	0,03901	715,27	1,068	39,76	0,03704	0,03445	720,24	1,075	38
39	52,5	0,0488	0,04634	707,50	1,053	47,25	0,04392	0,04139	712,75	1,061	42,00	0,03904	0,03655	718,00	1,068	39
40	55,3	0,0512	0,04904	704,70	1,044	49,77	0,04608	0,04376	710,23	1,053	44,24	0,04096	0,03860	715,76	1,061	40
41	58,4	0,0538	0,05193	701,60	1,036	52,56	0,04842	0,04633	707,44	1,045	46,72	0,04304	0,04083	713,28	1,054	41
42	61,5	0,0565	0,05485	698,50	1,030	55,35	0,05085	0,04894	704,65	1,039	49,20	0,04520	0,04312	710,80	1,048	42
43	64,8	0,0595	0,05827	695,20	1,021	58,32	0,05355	0,05193	701,68	1,031	51,84	0,04760	0,04576	708,16	1,040	43
44	68,3	0,0625	0,06169	691,70	1,013	61,47	0,05625	0,05498	698,53	1,023	54,64	0,05000	0,04840	705,36	1,033	44
45	71,9	0,0655	0,06523	688,10	1,004	64,71	0,05895	0,05813	695,29	1,014	57,52	0,05240	0,05112	702,48	1,025	45
46	75,7	0,0685	0,06877	684,30	0,996	68,13	0,06165	0,06122	691,87	1,007	60,56	0,05480	0,05383	699,44	1,018	46
47	79,6	0,0719	0,07284	680,40	0,987	71,64	0,06471	0,06483	688,36	0,998	63,68	0,05752	0,05695	696,32	1,010	47
48	83,7	0,0758	0,07758	676,30	0,977	75,33	0,06822	0,06879	684,67	0,989	66,96	0,06064	0,06057	693,04	1,001	48
49	88,0	0,0794	0,08194	671,95	0,969	79,25	0,07146	0,07276	680,75	0,982	70,44	0,06352	0,06390	689,56	0,994	49
50	92,5	0,0832	0,08675	667,50	0,959	83,25	0,07488	0,07703	676,75	0,972	74,00	0,06656	0,06750	686,00	0,986	50
55	118	0,1043	0,11494	642,00	0,908	106,20	0,09393	0,10165	653,80	0,924	94,40	0,08349	0,08873	665,60	0,941	55
60	149,5	0,1302	0,15306	610,50	0,851	134,55	0,11723	0,13443	625,45	0,872	119,60	0,10420	0,11669	640,40	0,893	60
65	187,5	0,1612	0,20494	572,50	0,787	168,75	0,14516	0,17876	591,25	0,812	150,00	0,12903	0,15397	610,00	0,838	65
70	234	0,1982	0,27837	526,00	0,712	210,60	0,17838	0,24008	549,40	0,743	187,20	0,15856	0,20459	572,80	0,775	70
75	289	0,2425	0,38614	417,00	0,628	260,10	0,21825	0,32770	499,90	0,666	231,20	0,19400	0,27517	528,80	0,705	75
80	355	0,2936	0,55187	405,00	0,532	319,50	0,26424	0,45637	440,50	0,579	284,00	0,23488	0,37580	476,00	0,625	80
85	433,5	0,3527	0,83380	326,50	0,423	390,15	0,31743	0,66131	369,85	0,480	346,80	0,28216	0,52641	413,20	0,536	85
90	526	0,4219	0,41103	234,00	0,299	473,40	0,37971	1,0374	286,60	0,366	420,80	0,33752	0,77949	339,20	0,433	90
95	634	0,5030	0,16352	126,00	0,159	570,60	0,45270	1,8941	189,45	0,239	507,20	0,40245	1,26144	252,80	0,319	95
100	760	—	—	—	—	684,00	0,53766	5,6589	76,00	0,095	680,00	0,47792	2,52867	152,00	0,189	100

[1]) Vom Verfasser berechnet.

Tabelle I.

Dampf- und Luftspannung, Dampfgewicht in 1 cbm und 1 kg Luft, spezifisches Gewicht des trocknen Anteils der Luft bei einem Barometerstand von 760 mm Hg.

18	$x = 0{,}7$ (70% relative Feuchtigkeit)					$x = 0{,}6$ (60% relative Feuchtigkeit)					$x = 0{,}5$ (50% relative Feuchtigkeit)					34
	19	20	21	22	23	24	25	26	27	28	29	30	31	32	33	
Temperatur t °C	Spannung des Dampfes q_a (mm Hg)	Dampfgehalt/ cbm Luft γ_a (kg/cbm)	Dampfgehalt.kg d. trocknen Teiles der Luft d' (kg)	Teilspannung der Luft q' (mm Hg)	Spez. Gewicht d. trocknen Teiles d. Luft γ_l' (kg/cbm)	Spannung des Dampfes q_a (mm Hg)	Dampfgehalt/ cbm Luft γ_a (kg/cbm)	Dampfgehalt/kg d. trocknen Teiles der Luft d' (kg)	Teilspannung der Luft q' (mm Hg)	Spez. Gewicht d. trocknen Teiles d. Luft γ_l' (kg/cbm)	Spannung des Dampfes q_a (mm Hg)	Dampfgehalt/ cbm Luft γ_a (kg/cbm)	Dampfgehalt/kg d. trocknen Teiles der Luft d' (kg)	Teilspannung der Luft q' (mm Hg)	Spez. Gewicht d. trocknen Teiles d. Luft γ_l' (kg/cbm)	Temperatur t °C
−10	1,51	0,00155	0,00116	758,49	1,339	1,30	0,00133	0,00099	758,70	1,339	1,08	0,00111	0,00082	758,92	1,339	−10
−5	2,22	0,00228	0,00173	757,78	1,312	1,90	0,00195	0,00148	758,10	1,313	1,59	0,00163	0,00124	758,41	1,314	−5
0	3,21	0,00331	0,00257	756,79	1,287	2,75	0,00284	0,00220	757,25	1,287	2,29	0,00237	0,00184	757,61	1,288	0
1	3,44	0,00353	0,00275	756,56	1,281	2,95	0,00303	0,00236	757,05	1,282	2,46	0,00252	0,00196	757,54	1,283	1
2	3,70	0,00378	0,00296	756,30	1,277	3,17	0,00324	0,00253	756,83	1,278	2,65	0,00270	0,00210	757,35	1,278	2
3	3,98	0,00406	0,00319	756,02	1,271	3,41	0,00348	0,00274	756,59	1,272	2,84	0,00290	0,00228	757,16	1,273	3
4	4,26	0,00434	0,00343	755,74	1,267	3,65	0,00372	0,00293	756,35	1,268	3,05	0,00310	0,00244	756,95	1,269	4
5	4,57	0,00466	0,00370	755,43	1,261	3,92	0,00400	0,00317	756,08	1,262	3,27	0,00333	0,00264	756,73	1,263	5
6	4,90	0,00496	0,00395	755,10	1,256	4,20	0,00425	0,00338	755,80	1,258	3,50	0,00354	0,00281	756,50	1,259	6
7	5,24	0,00530	0,00424	754,76	1,251	4,50	0,00454	0,00362	755,50	1,253	3,75	0,00379	0,00302	756,25	1,254	7
8	5,61	0,00569	0,00456	754,39	1,246	4,81	0,00487	0,00390	755,19	1,248	4,01	0,00406	0,00325	755,99	1,249	8
9	6,01	0,00603	0,00486	753,99	1,241	5,15	0,00517	0,00416	754,85	1,242	4,29	0,00431	0,00346	755,71	1,244	9
10	6,45	0,00658	0,00531	753,55	1,237	5,53	0,00564	0,90455	754,47	1,238	4,61	0,00470	0,00379	755,39	1,240	10
11	6,89	0,00702	0,00570	753,11	1,231	5,90	0,00601	0,00488	754,10	1,232	4,92	0,00501	0,00406	755,08	1,234	11
12	7,36	0,00746	0,00609	752,64	1,226	6,31	0,00640	0,00521	753,69	1,227	5,26	0,00533	0,00434	754,74	1,229	12
13	7,86	0,00796	0,00652	752,14	1,221	6,74	0,00682	0,00558	753,26	1,223	5,62	0,00569	0,00464	754,38	1,225	13
14	8,39	0,00843	0,00694	751,61	1,215	7,19	0,00723	0,00594	752,81	1,217	6,00	0,00602	0,00494	754,00	1,219	14
15	8,95	0,00898	0,00741	751,05	1,211	7,67	0,00769	0,00634	752,33	1,213	6,40	0,00641	0,00527	753,60	1,215	15
16	9,55	0,00956	0,00792	750,45	1,206	8,18	0,00819	0,00678	751,82	1,208	6,82	0,00683	0,00564	753,18	1,210	16
17	10,15	0,01014	0,00845	749,85	1,200	8,70	0,00869	0,00723	751,30	1,202	7,25	0,00724	0,00601	752,75	1,204	17
18	10,85	0,01075	0,00899	749,15	1,195	9,30	0,00921	0,00769	750,70	1,197	7,75	0,00768	0,00640	752,25	1,200	18
19	11,55	0,01140	0,00958	748,85	1,190	9,90	0,00977	0,00819	750,10	1,193	8,25	0,00814	0,00681	751,75	1,195	19
20	12,25	0,01211	0,01022	747,75	1,184	10,50	0,01038	0,00874	749,50	1,187	8,75	0,00865	0,00726	751,25	1,190	20

21	1,185	750,67	0,00772	0,00915	9,33
22	1,180	750,10	0,00822	0,00970	9,90
23	1,174	749,45	0,00877	0,01030	10,55
24	1,170	748,80	0,00931	0,01090	11,20
25	1,165	748,10	0,00987	0,01150	11,90
26	1,160	747,40	0,01051	0,01220	12,60
27	1,155	746,65	0,01116	0,01290	13,35
28	1,150	745,82	0,01182	0,01360	14,18
29	1,145	744,97	0,01253	0,01435	15,03
30	1,140	744,10	0,01333	0,01520	15,90
31	1,135	743,15	0,01409	0,01600	16,85
32	1,130	742,15	0,01495	0,01690	17,85
33	1,124	741,15	0,01588	0,01785	18,85
34	1,118	740,05	0,01681	0,01880	19,95
35	1,113	738,90	0,01778	0,01980	21,10
36	1,109	737,70	0,01884	0,02090	22,30
37	1,103	736,45	0,01994	0,02200	23,55
38	1,098	735,15	0,02108	0,02315	24,85
39	1,092	733,75	0,02234	0,02440	26,25
40	1,085	732,35	0,02359	0,02560	27,56
41	1,079	730,80	0,02493	0,02690	29,20
42	1,075	729,25	0,02627	0,02825	30,75
43	1,069	727,60	0,02782	0,02975	32,40
44	1,063	725,85	0,02939	0,03125	34,15
45	1,056	724,05	0,03101	0,03275	35,95
46	1,051	722,15	0,03258	0,03425	37,85
47	1,044	720,20	0,03443	0,03595	39,80
48	1,038	718,15	0,03651	0,03790	41,85
49	1,032	715,97	0,03846	0,03970	44,03
50	1,026	713,75	0,04054	0,04160	46,25
55	0,991	701,00	0,05265	0,05218	59,00
60	0,955	685,25	0,06819	0,06513	74,75
65	0,915	666,25	0,08813	0,08064	93,75
70	0,870	643,00	0,11390	0,09910	117,00
75	0,820	615,50	0,14786	0,12125	144,50
80	0,765	582,50	0,19189	0,14680	177,50
85	0,705	543,25	0,25014	0,17635	216,75
90	0,635	497,00	0,33220	0,21095	263,00
95	0,559	443,00	0,44991	0,25150	317,00
100	0,473	380,00	0,63150	0,29870	380,00

21	1,182	748,81	0,00928	0,01098	11,19
22	1,177	748,12	0,00988	0,01164	11,88
23	1,171	747,34	0,01055	0,01236	12,66
24	1,166	746,56	0,01121	0,01308	13,44
25	1,161	745,72	0,01188	0,01380	14,28
26	1,156	744,98	0,01266	0,01464	15,02
27	1,151	743,98	0,01344	0,01548	16,02
28	1,146	742,99	0,01424	0,01632	17,01
29	1,140	741,97	0,01510	0,01722	18,03
30	1,135	740,92	0,01607	0,01824	19,08
31	1,130	739,78	0,01699	0,01922	20,22
32	1,124	738,58	0,01804	0,02028	21,42
33	1,118	737,38	0,01915	0,02142	22,62
34	1,112	736,06	0,02028	0,02256	23,94
35	1,106	734,68	0,02148	0,02376	25,32
36	1,102	733,24	0,02275	0,02508	26,76
37	1,096	730,74	0,02408	0,02640	28,26
38	1,090	730,18	0,02548	0,02778	29,82
39	1,084	728,50	0,02701	0,02928	31,50
40	1,077	726,82	0,02852	0,03072	33,18
41	1,071	724,96	0,03014	0,03228	35,04
42	1,066	723,10	0,03180	0,03390	36,90
43	1,059	721,12	0,03371	0,03570	38,88
44	1,053	719,02	0,03561	0,03750	40,98
45	1,046	716,86	0,03757	0,03930	43,14
46	1,040	714,58	0,03951	0,04110	45,42
47	1,033	712,24	0,04176	0,04314	47,76
48	1,026	709,78	0,04432	0,04548	50,22
49	1,020	707,17	0,04670	0,04764	52,83
50	1,019	704,50	0,04932	0,04992	55,50
55	0,975	689,20	0,06422	0,06262	70,80
60	0,934	670,30	0,08367	0,07815	89,70
65	0,890	647,50	0,10873	0,09677	112,50
70	0,838	619,60	0,14190	0,11892	140,40
75	0,782	586,60	0,18606	0,14550	173,40
80	0,719	547,00	0,24500	0,17616	213,00
85	0,648	499,90	0,32657	0,21162	260,10
90	0,568	444,40	0,44566	0,25314	315,60
95	0,479	379,69	0,63006	0,30180	380,40
100	0,378	304,00	0,94825	0,35844	456,00

21	1,179	746,94	0,01086	0,01281	13,06
22	1,174	746,14	0,01156	0,01358	13,86
23	1,168	745,23	0,01234	0,01442	14,77
24	1,163	744,32	0,01312	0,01526	15,68
25	1,157	743,34	0,01391	0,01610	16,66
26	1,152	742,36	0,01482	0,01708	17,64
27	1,147	741,31	0,01574	0,01806	18,69
28	1,141	740,15	0,01668	0,01904	19,85
29	1,136	738,96	0,01768	0,02009	21,04
30	1,130	737,74	0,01883	0,02128	22,26
31	1,124	736,41	0,01992	0,02240	23,59
32	1,119	735,01	0,02114	0,02366	24,99
33	1,112	733,61	0,02247	0,02499	26,39
34	1,106	732,07	0,02379	0,02632	27,93
35	1,100	730,46	0,02520	0,02772	29,54
36	1,095	728,78	0,02672	0,02926	31,22
37	1,089	727,03	0,02828	0,03080	32,97
38	1,083	725,21	0,02992	0,03241	34,79
39	1,076	723,25	0,03174	0,03416	36,75
40	1,069	721,29	0,03352	0,03584	38,71
41	1,062	719,12	0,03546	0,03766	40,88
42	1,057	716,95	0,03741	0,03955	43,05
43	1,050	714,64	0,03966	0,04165	45,36
44	1,043	712,19	0,04194	0,04375	47,81
45	1,035	709,17	0,04429	0,04585	50,33
46	1,029	707,01	0,04659	0,04795	52,99
47	1,021	704,28	0,04929	0,05033	55,72
48	1,014	701,41	0,05232	0,05306	58,59
49	1,007	698,36	0,05519	0,05558	61,64
50	0,999	695,25	0,05829	0,05824	64,75
55	0,958	677,40	0,07626	0,07305	82,60
60	0,914	655,35	0,09976	0,09118	104,65
65	0,864	628,75	0,13067	0,11290	131,25
70	0,807	596,20	0,17192	0,13874	163,80
75	0,743	557,70	0,22846	0,16975	203,30
80	0,672	511,50	0,30583	0,20552	248,50
85	0,592	456,55	0,41704	0,24689	303,45
90	0,501	391,80	0,58948	0,29533	386,20
95	0,399	316,20	0,88245	0,35210	443,80
100	0,284	228,00	1,47246	0,41818	532,00

Tabelle I.

Dampf- und Luftspannung, Dampfgewicht in 1 cbm und 1 kg Luft, spezifisches Gewicht des trocknen Anteils der Luft bei einem Barometerstand von 760 mm Hg.

35	$x = 0,4$ (40°/₀ relative Feuchtigkeit)					$x = 0,3$ (30°/₀ relative Feuchtigkeit)					$x = 0,2$ (20°/₀ relative Feuchtigkeit)					51
	36	37	38	39	40	41	42	43	44	45	46	47	48	49	50	
Temperatur t °C	Spannung des Dampfes q_a (mm Hg)	Dampfgehalt/ cbm Luft γ_a (kg/cbm)	Dampfgehalt/kg d. trocknen Teiles der Luft d' (kg)	Teilspannung der Luft q_i' (mm Hg)	Spez. Gewicht d. trocknen Teiles d. Luft γ_i' (kg/cbm)	Spannung des Dampfes q_a (mm Hg)	Dampfgehalt/ cbm Luft γ_a (kg/cbm)	Dampfgehalt/kg d. trocknen Teiles der Luft d' (kg)	Teilspannung der Luft q_i' (mm Hg)	Spez. Gewicht d. trocknen Teiles d. Luft γ_i' (kg/cbm)	Spannung des Dampfes q_a (mm Hg)	Dampfgehalt/ cbm Luft γ_a (kg/cbm)	Dampfgehalt/kg d. trocknen Teiles der Luft d' (kg)	Teilspannung der Luft q_i' (mm Hg)	Spez. Gewicht d. trocknen Teiles d. Luft γ_i' (kg/cbm)	Temperatur t °C
− 10	0,86	0,000⸱8	0,00066	759,24	1,340	0,65	0,00066	0,00049	759,35	1,340	0,43	0,00044	0,00033	759,57	1,341	− 10
− 5	1,27	0,00130	0,00099	758,73	1,314	0,95	0,00097	0,00074	759,05	1,315	0,63	0,00065	0,00049	759,37	1,315	− 5
+ 0	1,83	0,00189	0,00147	758,17	1,289	1,37	0,00142	0,00110	758,63	1,290	0,92	0,00094	0,00073	759,08	1,290	+ 0
+ 1	1,97	0,00202	0,00157	758,03	1,283	1,48	0,00151	0,00117	758,52	1,284	0,98	0,00101	0,00078	759,02	1,285	+ 1
2	2,12	0,00216	0,00169	757,88	1,279	1,59	0,00162	0,00126	758,41	1,280	1,06	0,00108	0,00084	758,94	1,281	2
3	2,27	0,00232	0,00182	757,73	1,274	1,70	0,00174	0,00136	758,30	1,275	1,14	0,00116	0,00091	758,86	1,276	3
4	2,44	0,00248	0,00195	757,56	1,270	1,83	0,00186	0,00146	758,17	1,271	1,22	0,00124	0,00097	758,78	1,272	4
5	2,61	0,00266	0,00211	757,39	1,264	1,96	0,00200	0,00158	758,04	1,265	1,31	0,00133	0,00105	758,69	1,266	5
6	2,80	0,00283	0,00225	757,20	1,260	2,10	0,00212	0,00168	757,90	1,261	1,40	0,00141	0,00112	758,60	1,262	6
7	3,00	0,00303	0,00241	757,00	1,255	2,25	0,00227	0,00181	757,75	1,256	1,50	0,00151	0,00120	758,50	1,258	7
8	3,21	0,00325	0,00260	756,79	1,250	2,41	0,00243	0,00194	757,59	1,252	1,60	0,00162	0,00129	758,40	1,253	8
9	3,44	0,00344	0,00276	756,56	1,245	2,57	0,00258	0,00207	757,43	1,247	1,72	0,00172	0,00138	758,28	1,248	9
10	3,68	0,00376	0,00302	756,32	1,241	2,76	0,00282	0,00226	757,24	1,243	1,84	0,00188	0,00151	758,16	1,244	10
11	3,94	0,00401	0,00324	756,06	1,235	2,95	0,00300	0,00243	757,05	1,237	1,97	0,00200	0,00161	758,03	1,239	11
12	4,21	0,00426	0,00346	755,79	1,231	3,16	0,00320	0,00259	756,84	1,233	2,10	0,00213	0,00172	757,90	1,235	12
13	4,49	0,00455	0,00370	755,51	1,227	3,37	0,00341	0,00277	756,63	1,229	2,25	0,00227	0,00184	757,75	1,231	13
14	4,80	0,00482	0,00394	755,20	1,221	3,60	0,00361	0,00295	756,40	1,223	2,40	0,00241	0,00196	757,60	1,225	14
15	5,12	0,00513	0,00421	754,88	1,217	3,84	0,00384	0,00315	756,16	1,219	2,56	0,00256	0,00210	757,44	1,221	15
16	5,46	0,00546	0,00450	754,54	1,213	4,09	0,00409	0,00337	755,91	1,215	2,73	0,00273	0,00224	757,27	1,217	16
17	5,80	0,00579	0,00480	754,20	1,207	4,35	0,00434	0,00359	755,65	1,209	2,90	0,00289	0,00239	757,10	1,211	17
18	6,20	0,00614	0,00511	753,80	1,202	4,65	0,00460	0,00382	755,35	1,205	3,10	0,00307	0,00254	756,90	1,207	18
19	6,60	0,00651	0,00543	753,40	1,198	4,95	0,00488	0,00406	755,05	1,201	3,30	0,00325	0,00270	756,70	1,203	19
20	7,00	0,00692	0,00580	753,00	1,193	5,25	0,00519	0,00433	754,75	1,196	3,50	0,00346	0,00288	756,50	1,198	20

21	22	23	24	25	26	27	28	29	30	31	32	33	34	35	36	37	38	39	40	41	42	43	44	45	46	47	48	49	50	55	60	65	70	75	80	85	90	95	100
1,194	1,189	1,184	1,180	1,176	1,172	1,167	1,163	1,159	1,155	1,150	1,146	1,141	1,136	1,132	1,129	1,124	1,120	1,115	1,110	1,105	1,102	1,097	1,093	1,088	1,084	1,079	1,074	1,071	1,066	1,041	1,018	0,993	0,965	0,936	0,905	0,873	0,837	0,798	0,756
756,27	756,04	755,78	755,52	755,24	754,96	754,66	754,33	753,99	753,62	753,26	752,86	752,46	752,02	751,56	751,08	750,58	750,06	749,50	748,94	748,32	747,70	747,04	746,34	745,62	744,86	744,08	743,26	742,39	741,50	736,40	730,10	722,50	713,20	702,20	689,00	673,30	654,80	633,20	608,00
0,00306	0,00326	0,00347	0,00369	0,00391	0,00416	0,00442	0,00467	0,00495	0,00526	0,00556	0,00589	0,00625	0,00660	0,00699	0,00740	0,00782	0,00826	0,00875	0,00922	0,00973	0,01025	0,01084	0,01143	0,01204	0,01263	0,01332	0,01411	0,01478	0,01560	0,02005	0,02559	0,03248	0,04107	0,05181	0,06488	0,08080	0,10081	0,12606	0,15804
0,00366	0,00388	0,00412	0,00436	0,00460	0,00488	0,00516	0,00544	0,00574	0,00608	0,00640	0,00676	0,00714	0,00752	0,00792	0,00836	0,00880	0,00926	0,00976	0,01024	0,01076	0,01130	0,01190	0,01250	0,01310	0,01370	0,01438	0,01516	0,01584	0,01664	0,02087	0,02605	0,03225	0,03964	0,04850	0,05872	0,07054	0,08438	0,10660	0,11948
3,73	3,96	4,22	4,48	4,76	5,04	5,34	5,67	6,01	6,38	6,74	7,14	7,54	7,98	8,44	8,92	9,42	9,94	10,50	11,06	11,68	12,30	12,96	13,66	14,38	15,14	15,92	16,74	17,61	18,50	23,60	29,90	37,50	46,80	57,80	71,00	86,70	105,20	126,80	152,00
1,191	1,186	1,181	1,177	1,172	1,168	1,163	1,159	1,154	1,150	1,145	1,140	1,135	1,130	1,125	1,122	1,117	1,112	1,107	1,102	1,097	1,093	1,088	1,083	1,077	1,073	1,067	1,062	1,058	1,052	1,025	0,997	0,967	0,933	0,898	0,859	0,817	0,770	0,719	0,662
754,90	754,06	753,67	753,28	752,86	752,44	751,99	751,49	750,98	750,46	749,89	749,29	748,69	748,03	747,34	746,62	745,87	745,09	744,25	743,41	742,48	741,55	740,56	739,51	738,43	737,29	736,12	734,89	733,58	732,25	724,60	715,15	703,75	689,80	673,30	653,50	629,95	602,20	569,80	532,00
0,00460	0,00490	0,00523	0,00555	0,00588	0,00626	0,00655	0,00704	0,00746	0,00793	0,00838	0,00889	0,00943	0,00998	0,01056	0,01117	0,01181	0,01249	0,01322	0,01393	0,01471	0,01550	0,01640	0,01731	0,01824	0,01915	0,02021	0,02141	0,02251	0,02372	0,03054	0,03919	0,05003	0,06372	0,08101	0,10253	0,12951	0,16437	0,20987	0,27072
0,00549	0,00582	0,00618	0,00654	0,00690	0,00732	0,00774	0,00816	0,00861	0,00912	0,00960	0,01014	0,01071	0,01128	0,01188	0,01254	0,01320	0,01389	0,01464	0,01536	0,01614	0,01695	0,01785	0,01875	0,01965	0,02055	0,02157	0,02274	0,02382	0,02496	0,03131	0,03907	0,04838	0,05946	0,07275	0,08808	0,10581	0,12657	0,15090	0,17922
5,60	5,94	6,33	6,72	7,14	7,56	8,01	8,51	9,02	9,54	10,11	10,71	11,31	11,97	12,66	13,38	14,13	14,91	15,75	16,59	17,52	18,45	19,44	20,49	21,57	22,71	23,88	25,11	26,42	27,75	35,40	44,85	56,25	70,20	86,70	106,50	130,05	157,80	190,20	228,00
1,188	1,183	1,178	1,173	1,168	1,164	1,159	1,154	1,150	1,145	1,140	1,135	1,129	1,124	1,119	1,115	1,110	1,105	1,100	1,094	1,088	1,084	1,078	1,073	1,067	1,062	1,056	1,050	1,045	1,039	1,008	0,976	0,941	0,902	0,859	0,812	0,761	0,702	0,639	0,567
752,54	752,08	751,56	751,04	750,48	749,92	749,32	748,66	747,98	747,28	746,52	745,72	744,92	744,04	743,12	742,16	741,16	740,12	739,00	737,88	736,64	735,40	734,08	732,68	731,24	729,72	728,16	726,52	724,78	723,00	712,80	700,00	685,00	666,40	644,40	618,00	586,60	549,60	506,40	456,00
0,00616	0,00655	0,00699	0,00743	0,00787	0,00838	0,00890	0,00942	0,00998	0,01062	0,01122	0,01191	0,01264	0,01338	0,01415	0,01499	0,01585	0,01676	0,01745	0,01871	0,01977	0,02084	0,02207	0,02329	0,02455	0,02580	0,02723	0,02887	0,03039	0,03203	0,04141	0,05338	0,06856	0,08789	0,11292	0,14463	0,18538	0,24039	0,31486	0,42144
0,00732	0,00776	0,00824	0,00872	0,00920	0,00976	0,01032	0,01088	0,01148	0,01216	0,01280	0,01352	0,01428	0,01504	0,01584	0,01672	0,01760	0,01852	0,01952	0,02048	0,02152	0,02260	0,02380	0,02500	0,02620	0,02740	0,02876	0,03032	0,03176	0,03328	0,04174	0,05210	0,06451	0,07928	0,09700	0,11744	0,14108	0,16876	0,20120	0,23896
7,46	7,92	8,44	8,96	9,52	10,08	10,68	11,34	12,02	12,72	13,48	14,28	15,08	15,96	16,88	17,84	18,84	19,88	21,00	22,12	23,36	24,60	25,92	27,32	28,76	30,28	31,84	33,48	35,22	37,00	47,20	59,80	75,00	93,60	115,60	142,00	173,40	210,40	253,60	304,00
21	22	23	24	25	26	27	28	29	30	31	32	33	34	35	36	37	38	39	40	41	42	43	44	45	46	47	48	49	50	55	60	65	70	75	80	85	90	95	100

Tabelle I.

Dampf- und Luftspannung, Dampfgewicht in 1 cbm und 1 kg Luft, spezifisches Gewicht des trocknen Anteils der Luft bei einem Barometerstand von 760 mm Hg.

	$x=0{,}15$ (15% relative Feuchtigkeit)						$x=0{,}15$ (15% relative Feuchtigkeit)						$x=0{,}15$ (15% relative Feuchtigkeit)				
52	53	54	55	56	57	52	53	54	55	56	57	52	53	54	55	56	57
Temperatur t °C	Spannung des Dampfes q_a (mm Hg)	Dampfgehalt/cbm Luft γ_a (kg/cbm)	Dampfgehalt/kg d. trocknen Teiles der Luft d (kg)	Teilspannung der Luft q_l (mm Hg)	Spez. Gewicht d. trocknen Teiles d. Luft γ_l (kg/cbm)	Temperatur t °C	Spannung des Dampfes q_a (mm Hg)	Dampfgehalt/cbm Luft γ_a (kg/cbm)	Dampfgehalt/kg d. trocknen Teiles der Luft d (kg)	Teilspannung der Luft q_l (mm Hg)	Spez. Gewicht d. trocknen Teiles d. Luft γ_l (kg/cbm)	Temperatur t °C	Spannung des Dampfes q_a (mm Hg)	Dampfgehalt/cbm Luft γ_a (kg/cbm)	Dampfgehalt/kg d. trocknen Teiles der Luft d (kg)	Teilspannung der Luft q_l (mm Hg)	Spez. Gewicht d. trocknen Teiles d. Luft γ_l (kg/cbm)
− 10	0,32	0,00033	0,00024	759,68	1,341	19	2,48	0,00244	0,00202	757,52	1,204	40	8,30	0,00768	0,00689	751,70	1,114
− 5	0,48	0,00048	0,00037	759,52	1,315	20	2,63	0,00259	0,00216	757,37	1,200	41	8,76	0,00807	0,00727	751,24	1,110
± 0	0,69	0,00071	0,00055	759,31	1,291	21	2,80	0,00274	0,00229	757,20	1,196	42	9,23	0,00847	0,00765	750,77	1,107
+ 1	0,74	0,00075	0,00058	759,26	1,285	22	2,97	0,00291	0,00244	757,03	1,191	43	9,72	0,00892	0,00809	750,28	1,102
2	0,79	0,00081	0,00063	759,21	1,282	23	3,17	0,00309	0,00260	756,83	1,186	44	10,25	0,00937	0,00853	749,75	1,098
3	0,85	0,00087	0,00068	759,15	1,276	24	3,36	0,00327	0,00276	756,44	1,182	45	10,79	0,00982	0,00898	749,21	1,093
4	0,91	0,00093	0,00073	759,09	1,272	25	3,57	0,00345	0,00292	756,43	1,178	46	11,36	0,01027	0,00943	748,64	1,089
5	0,98	0,00100	0,00078	759,02	1,267	26	3,78	0,00366	0,00311	756,22	1,174	47	11,94	0,01078	0,00994	748,06	1,085
6	1,05	0,00106	0,00084	758,95	1,263	27	4,01	0,00387	0,00330	755,90	1,170	48	12,56	0,01137	0,01052	747,44	1,080
7	1,12	0,00113	0,00090	758,88	1,258	28	4,25	0,00408	0,00350	755,75	1,165	49	13,21	0,01191	0,01105	746,79	1,077
8	1,20	0,00121	0,00097	758,80	1,253	29	4,51	0,00430	0,00370	755,49	1,161	50	13,88	0,01248	0,01164	746,12	1,072
9	1,29	0,00129	0,00103	758,71	1,249	30	4,77	0,00456	0,00394	755,23	1,157	55	17,70	0,01565	0,01490	742,30	1,050
10	1,38	0,00141	0,00113	758,62	1,245	31	5,06	0,00480	0,00416	754,94	1,153	60	22,43	0,01953	0,01900	737,57	1,028
11	1,48	0,00150	0,00121	758,52	1,239	32	5,36	0,00507	0,00441	754,64	1,149	65	28,13	0,02419	0,02404	731,87	1,006
12	1,58	0,00160	0,00129	758,42	1,235	33	5,66	0,00535	0,00468	754,34	1,143	70	35,10	0,02973	0,03030	724,90	0,981
13	1,68	0,00170	0,00138	758,32	1,232	34	5,99	0,00564	0,00495	754,01	1,139	75	43,35	0,03637	0,03808	716,65	0,955
14	1,80	0,00180	0,00147	758,20	1,226	35	6,33	0,00594	0,00523	753,67	1,135	80	53,25	0,04404	0,04740	706,75	0,929
15	1,92	0,00192	0,00157	758,08	1,222	36	6,69	0,00627	0,00553	753,31	1,132	85	65,03	0,05290	0,05871	694,79	0,901
16	2,05	0,00204	0,00168	757,95	1,218	37	7,07	0,00660	0,00585	752,93	1,128	90	78,90	0,05328	0,07274	681,10	0,870
17	2,18	0,00217	0,00179	757,82	1,213	38	7,45	0,00694	0,00617	752,55	1,124	95	95,10	0,07545	0,09035	664,90	0,838
18	2,33	0,00230	0,00190	757,67	1,208	39	7,88	0,00732	0,00654	752,12	1,119	100	114,00	0,08961	0,11145	646,00	0,804

Tabelle II.[1])

Faktor $\delta = \dfrac{1{,}293}{760} \cdot \dfrac{273}{273 + t}$ zur Berechnung des spezifischen Gewichtes des trocknen Teiles der Luft γ_l für die Temperatur von -10 bis $+100\,^{0}$C.

1	2	3	4	5	6
t ^{0}C	δ	t ^{0}C	δ	t ^{0}C	δ
− 10	0,001 765	27	0,001 547	64	0,001 377
− 9	0,001 758	28	0,001 542	65	0,001 374
− 8	0,001 751	29	0,001 537	66	0,001 369
− 7	0,001 744	30	0,001 532	67	0,001 365
− 6	0,001 739	31	0,001 527	68	0,001 362
− 5	0,001 732	32	0,001 522	69	0,001 357
− 4	0,001 726	33	0,001 516	70	0,001 353
− 3	0,001 719	34	0,001 511	71	0,001 350
− 2	0,001 712	35	0,001 504	72	0,001 345
− 1	0,001 707	36	0,001 503	73	0,001 341
+ 0	0,001 700	37	0,001 498	74	0,001 338
+ 1	0,001 693	38	0,001 493	75	0,001 333
2	0,001 688	39	0,001 488	76	0,091 329
3	0,001 681	40	0,001 482	77	0,0u1 326
4	0,001 676	41	0,001 477	78	0,001 323
5	0,001 669	42	0,001 474	79	0,001 319
6	0,001 664	43	0,001 469	80	0,001 314
7	0,001 658	44	0,001 464	81	0,001 311
8	0,001 652	45	0,001 459	82	0,001 307
9	0,001 646	46	0,001 455	83	0,001 304
10	0,001 641	47	0,001 450	84	0,001 301
11	0,001 634	48	0,001 445	85	0,001 297
12	0,001 629	49	0,001 442	86	0,001 292
13	0,001 624	50	0,001 437	87	0,001 289
14	0,001 617	51	0,001 433	88	0,001 285
15	0,001 612	52	0,001 428	89	0,001 282
16	0,001 607	53	0,001 423	90	0,001 278
17	0,001 600	54	0,001 420	91	0,001 275
18	0,001 595	55	0,001 414	92	0,001 272
19	0,001 590	56	0,001 411	93	0,001 268
20	0,001 584	57	0,001 406	94	0,001 265
21	0,001 579	58	0,001 403	95	0,001 261
22	0,001 573	59	0,001 397	96	0,001 258
23	0,001 567	60	0,001 394	97	0,001 255
24	0,001 562	61	0,001 389	98	0,001 251
25	0,001 557	62	0,001 386	99	0,001 248
26	0,001 552	63	0,001 380	100	0,001 244

[1]) Vom Verfasser berechnet.

Tabelle III[1]).

Gesättigter Wasserdampf von $+10$ bis $+100°$ C.

1	2	3	4	5	6
t $°C$	Spannung q_s mm Hg	Spezifisches Volumen v_s cbm/kg	Spezifisches Gewicht γ_s kg/cbm	Ver-dampfungs-wärme r WE/kg	Gesamt-wärme λ WE/kg
10	9,21	106,4	0,00940	589,5	599,5
11	9,84	99,7	0,01003	589,0	600,0
12	10,52	93,7	0,01067	588,5	600,5
13	11,23	87,9	0,01138	588,0	601,0
14	11,99	83,0	0,01205	587,5	601,5
15	12,79	77,95	0,01283	586,9	601,9
16	13,64	73,2	0,01366	586,4	602,4
17	14,5	69,0	0,01449	585,9	602,9
18	15,5	65,1	0,01536	585,4	603,4
19	16,5	61,4	0,01629	584,9	603,9
20	17,5	57,8	0,01733	584,3	604,3
21	18,65	54,5	0,0183	583,8	604,8
22	19,8	51,4	0,0194	583,3	605,3
23	21,1	48,6	0,0206	582,8	605,8
24	22,4	45,9	0,0218	582,3	606,3
25	23,8	43,4	0,0230	581,7	606,7
26	25,2	41,0	0,0244	581,2	607,2
27	26,7	38,8	0,0258	580,7	607,7
28	28,35	36,8	0,0272	580,2	608,2
29	30,05	34,8	0,0287	579,7	608,7
30	31,8	32,9	0,0304	579,2	609,2
31	33,7	31,2	0,0320	578,7	609,7
32	35,7	29,6	0,0338	578,2	610,2
33	37,7	28,0	0,0357	577,7	610,7
34	39,9	26,6	0,0376	577,2	611,2
35	42,2	25,2	0,0396	576,6	611,6
36	44,6	23,9	0,0418	576,1	612,1
37	47,1	22,7	0,0440	575,6	612,6
38	49,7	21,6	0,0463	575,1	613,1
39	52,5	20,5	0,0488	574,6	613,6
40	55,3	19,5	0,0512	574,0	614,0
41	58,4	18,6	0,0538	573,5	614,5
42	61,5	17,7	0,0565	572,9	614,8
43	64,8	16,8	0,0595	572,4	615,3
44	68,3	16,0	0,0625	571,8	615,7
45	71,9	15,3	0,0655	571,3	616,2
46	75,7	14,6	0,0685	570,7	616,6
47	79,6	13,9	0,0719	570,2	617,1
48	83,7	13,2	0,0758	569,6	617,5
49	88,05	12,6	0,0794	569,1	618,0
50	92,5	12,0	0,0832	568,5	618,4
55	118,0	9,581	0,10437	565,7	620,6
60	149,5	7,677	0,13026	562,9	622,8
65	187,5	6,200	0,16129	560,0	624,9
70	234,0	5,046	0,1982	557,1	627,0
75	289,0	4,123	0,2425	554,1	629,0
80	355,0	3,406	0,2936	551,1	631,0
85	433,5	2,835	0,3527	548,0	632,9
90	526,0	2,370	0,4219	545,0	634,9
95	634,0	1,988	0,5030	541,9	639,9
100	760,0	1,674	0,5974	538,7	638,7

[1]) W. Schüle, Thermodynamik, III. Aufl. (Springer, Berlin).

Tabelle IIIa.[1]

Gesättigter Wasserdampf von −10 bis +9° C.

1	2	3	4
Tempe-ratur	Spannung	Spezifisches Volumen	Spezifisches Gewicht
t	q_s	v_s .	γ_s
°C	mm Hg	cbm/kg	kg/cbm
−10	2,159	451	0,00222
9	2,335	418	0,00239
8	2,521	388	0,00258
7	2,722	359	0,00278
6	2,937	332	0,00301
5	3,167	307	0,00326
4	3,413	282	0,00355
3	3,677	262	0,00382
2	3,958	244	0,00410
1	4,258	227	0,00440
±0	4,579	211	0,00474
+1	4,921	198	0,00505
2	5,286	185	0,00541
3	5,675	172	0,00581
4	6,088	161	0,00621
5	6,528	150	0,00667
6	9,997	141	0,00709
7	7,494	132	0,00758
8	8,023	123	0,00813
9	8,584	116	0,00862

Tabelle IV.

Gesättigter Wasserdampf von 1 bis 10 kg/qcm abs.

1	2	3	4	5	6	7
Druck p kg/qcm abs.	Tempe-ratur t °C	Spezif. Volumen v_s cbm/kg	Spezif. Gewicht γ_s kg/cbm	Flüssig-keits-wärme q WE/kg	Ver-dampfungs-wärme r WE/kg	Gesamt-wärme $\lambda = q + r$ WE/kg
1,00	99,1	1,721	0,5811	99,1	538,8	637,9
1,20	104,25	1,451	0,6892	104,3	535,7	640,0
1,40	108,7	1,258	0,7949	108,8	532,9	641,7
1,60	112,7	1,108	0,9025	112,8	530,4	643,2
1,80	116,3	0,993	1,007	116,5	528,0	644,5
2,00	119,6	0,902	1,109	119,9	525,7	645,6
2,50	126,8	0,735	1,361	127,2	520,3	647,5
3,00	132,9	0,619	1,615	133,4	516,1	649,5
3,50	138,2	0,5335	1,874	138,7	512,3	651,0
4,00	142,9	0,4710	2,123	143,8	508,7	652,5
4,50	147,2	0,4220	2,370	148,1	505,8	653,9
5,00	151,1	0,3823	2,616	152,0	503,2	655,2
5,50	154,7	0,3494	2,862	155,7	500,6	656,3
6,00	158,1	0,3218	3,107	159,3	498,0	657,3
6,50	161,2	0,2983	3,352	162,4	495,9	658,3
7,00	164,2	0,2778	3,600	165,5	493,8	659,3
7,50	167,0	0,2608	3,834	168,5	491,6	660,1
8,00	169,6	0,2450	4,082	171,2	489,7	660,9
8,50	172,2	0,2318	4,314	173,9	487,8	661,7
9,00	174,6	0,2194	4,557	176,4	486,1	662,5
9,50	176,9	0,2080	4,808	178,6	484,5	663,2
10,00	179,1	0,1980	5,050	181,2	482,6	663,8

[1] W. c hüle, Thermodynamik, III. Aufl. (Springer, Berlin).

Tabellen.

Tabelle V.[1]

Wärmeinhalt von $(1 + d)$ kg feuchter Luft „i" (WE), Wassergehalt „d" (g), bezogen auf 1 kg des trockenen Teiles feuchter Luft, sowie Teilspannung des Dampfes „q_d" (mm Hg) bei dem Gesamtdruck der feuchten Luft $q = 760$ mm Hg, der Temperatur „t" und dem Sättigungsgrad „x".

	$x = 1\ (100\,\%)$			$x = 0,9\ (90\,\%)$			$x = 0,8\ (80\,\%)$			$x = 0,7\ (70\,\%)$			$x = 0,6\ (60\,\%)$			
1	2	3	4	5	6	7	8	9	10	11	12	13	14	15	16	
t	i	d	q_s	i	d'	q_d	i	d'	q_d	i	d'	q_d	i	d'	q_d	t
— 10	— 1,5	1,66	2,16	— 1,5	1,5	1,94	— 1,6	1,3	1,73	— 1,7	1,1	1,51	— 1,8	1	1,3	— 10
— 5	0,3	2,48	3,17	0,15	2,2	2,85	0	2	2,54	— 0,15	1,7	2,22	— 0,3	1,5	1,9	— 5
± 0	2,3	3,7	4,58	2	3,3	4,12	1,8	3	3,66	1,6	2,6	3,21	1,4	2,2	2,75	± 0
+ 5	4,5	5,3	6,53	4	4,7	5,88	3,8	4,2	5,22	3,5	3,7	4,57	3	3,2	3,92	+ 5
10	7	7,6	9,21	6,5	6,8	8,30	6	6	7,37	5,6	5,3	6,45	5	4,5	5,53	10
15	10	10,6	12,80	9,3	9,5	11,5	8,7	8,5	10,23	8	7,4	8,95	7,5	6,3	7,67	15
20	14	14,7	17,5	12,7	13,2	15,75	11,8	11,7	14	11	10,2	12,25	10	8,7	10,5	20
25	18	20,0	23,8	17	18,0	21,4	15,6	16	19	14,4	14	16,7	13	11,8	14,3	25
30	24	27,2	31,8	22	24,4	28,6	20	21,6	25,4	18,5	19	22,3	17	16	19	30
35	31	36,6	42,2	28	32,7	38	26	29	33,8	23,6	25	29,5	21,5	21,5	25,3	35
40	39	49	55,3	36	43,7	49,8	33	38,6	44,2	30	33,5	38,7	27	28,5	33,2	40
45	50	65,2	72	46	58,1	64,7	42	51,1	57,5	38	44,3	50,3	34	37,5	43,2	45
50	65	86,7	92,5	59	77	83,25	53	67,5	74	48	58,3	64,7	42	49,3	55,5	50
55	84	115	118	76	101,6	106,2	68	88,7	94,4	60	76,2	82,6	53	64,2	71	55
60	109	153	149,5	98	134,4	134,5	87	116,7	119,6	76	99,7	104,6	66	83,6	90	60
65	143	205	187,5	127	178,7	168,75	112	154	150	97	130,6	131	83	109	112,5	65
70	191	278,3	234	167	240	210,6	145	204	187	124	172	163,8	106	142	140	70
75	260	386,1	289	223	327,7	260	190	275	231	161	228	202	135	186	173	75
80	366	552	355	307	456,3	319	256	376	284	212	306	248	174	245	213	80
85	550	834	433	441	661	390	354	526	347	285	417	303	228	326	260	85
90	922	1411	526	683	1037	473	518	779	421	399	589	368	306	445	316	90
95	2047	3163	634	1235	1894	570	831	1261	507	588	882	444	427	630	380	95
100	—	—	760	3644	5658	684	1644	2528	608	964	1472	532	631	948	456	100
110	—	—	„	3686	„	„	1659	„	„	976	„	„	638	„	„	110
120	—	—	„	3708	„	„	1673	„	„	984	„	„	645	„	„	120
130	—	—	„	3731	„	„	1690	„	„	994	„	„	653	„	„	130
140	—	—	„	3773	„	„	1703	„	„	1003	„	„	660	„	„	140
150	—	—	„	3798	„	„	1716	„	„	1016	„	„	668	„	„	150
160	—	—	„	3828	„	„	1730	„	„	1023	„	„	673	„	„	160
170	—	—	„	3858	„	„	1750	„	„	1030	„	„	680	„	„	170
180	—	—	„	3883	„	„	1763	„	„	1043	„	„	688	„	„	180
190	—	—	„	3925	„	„	1765	„	„	1055	„	„	695	„	„	190
200	—	—	„	3947	„	„	1787	„	„	1067	„	„	702	„	„	200

Wärmeinhalt von $(1+d)$ kg feuchter Luft „i" (WE), Wassergehalt „d" (g), bezogen auf 1 kg des trockenen Teiles feuchter Luft, sowie Teilspannung des Dampfes „q_d" (mm Hg) bei dem Gesamtdruck der feuchten Luft $q=760$ mm Hg, der Temperatur „t" und dem Sättigungsgrad „x".

t	$x=0,5$ (50%)			$x=0,4$ (40%)			$x=0,3$ (30%)			$x=0,2$ (20%)			$x=0,1$ (10%)			t
	17	18	19	20	21	22	23	24	25	26	27	28	29	30	31	
t	i	d'	q_d	i	d'	q_d	i	d'	q_d	i	d'	q_d	i	d'	q_d	t
— 10	—1,9	0,8	1,08	— 2	0,6	0,86	— 2	0,5	0,65	—2,2	0,3	0,43	—2,3	0,16	0,216	— 10
— 5	—0,5	1,2	1,60	—0,6	1	1,3	—0,7	0,7	0,95	—0,97	0,5	0,63	—1	0,25	0,317	— 5
± 0	1,2	2	2,30	0,9	1,5	1,8	0,7	1,1	1,4	0,5	0,7	0,92	0,23	0,40	0,46	± 0
+ 5	3	2,6	3,27	2,5	2,1	2,6	2	1,6	1,96	1,8	1	1,31	1,5	0,50	0,65	+ 5
10	5	3,7	4,61	4,2	3,0	3,7	4	2,2	2,8	3,3	1,5	1,84	2,8	0,8	0,92	10
15	7	5,3	6,40	6	4,2	5,1	5,5	3,1	3,8	5	2,1	2,56	4,2	1,1	1,28	15
20	9	7,3	8,75	8,3	5,8	7,0	7,5	4,4	5,2	6,5	2,9	3,50	5,6	1,4	1,75	20
25	12	10	12	11	7,9	9,5	9,5	5,9	7,1	8,3	3,9	4,76	7	1,9	2,38	25
30	15	13,4	·16	14	10,6	12,7	12	8	9,5	10,3	5,2	6,38	8,7	2,6	3,18	30
35	19	17,8	21	17	14,1	16,9	15	10,5	12,7	12,6	7	8,44	10,5	3,5	4,2	35
40	24	23,6	27,6	21	18,7	22,1	18	14	16,6	15	9,2	11	12,30	4,6	5,5	40
45	30	31	36	26	24,5	28,8	22	18,2	21,6	18	12	14,4	14,3	5,9	7,2	45
50	37	40	46,2	32	32	37	27	24	27,8	21,5	15,6	18,5	16,6	7,7	9,2	50
55	46	53	59	39	41,4	47,2	32	30,5	35,4	25,5	20	23,6	19	9,8	11,8	55
60	57	68	75	47	43,4	59,8	39	39,2	45	30	25,6	30	22	12,5	14,9	60
65	70	88	94	58	68,5	75	47	50	56	36	32,5	37,5	25,3	15,8	18,7	65
70	88	114	117	72	87,9	93,6	57	64	70	42	41	46,8	29	20	23,4	70
75	110	148	144	89	113	116	69	81	87	50	51,8	57,8	33,5	24,8	28,9	75
80	140	192	177	110	144,6	142	84	102,5	106	60	65	71	38,5	31	35,5	80
85	180	250	217	138	185,4	173	103	123	130	72	80,8	86,7	44	38	43,3	85
90	234	332	263	·175	240,4	210	127	164,3	158	86	100	105	51	47	52,6	90
95	311	450	317	225	315	254	157	210	190	103	126	127	58	56	63,4	95
100	428	631	380	293	421,4	304	197	270,7	228	125	158	152	68	70	76	100
110	433	„	„	298	„	„	200	„	„	128	„	„	71	„	„	110
120	438	„	„	302	„	„	204	„	„	131	„	„	73	„	„	120
130	445	„	„	307	„	„	208	„	„	135	„	„	77	„	„	130
140	450	„	„	311	„	„	211	„	„	137	„	„	79	„	„	140
150	456	„	„	316	„	„	216	„	„	141	„	„	82	„	„	150
160	461	„	„	320	„	„	219	„	„	144	„	„	85	„	„	160
170	466	„	„	324	„	„	222	„	„	147	„	„	87	„	„	170
180	471	„	„	329	„	„	226	„	„	150	„	„	90	„	„	180
190	477	„	„	333	„	„	230	„	„	153	„	„	93	„	„	190
200	482	„	„	337	„	„	334	„	„	156	„	„	96	„	„	200

Tabelle V.

Wärmeinhalt von $(1+d)$ kg feuchter Luft „i" (WE), Wassergehalt „d" (g), bezogen auf 1 kg des trockenen Teiles feuchter Luft, sowie Teilspannung des Dampfes „q_d" (mm Hg) bei dem Gesamtdruck der feuchten Luft $q = 760$ mm Hg, der Temperatur „t" und dem Sättigungsgrad „x".

	$x=0{,}05$ (5 %)			$x=0{,}04$ (4 %)			$x=0{,}03$ (3 %)			$x=0{,}02$ (2 %)			$x=0{,}01$ (1 %)			$x=0$ (0 %)	
	32	33	34	35	36	37	38	39	40	41	42	43	44	45	46	47	
t	i	d'	q_d	i	d'	q_d	i	d'	q_d	i	d'	q_d	i	d'	q_d	i	t
−10	−2,35	0,082	0,108	−2,36	0,065	0,0844	−2,37	0,049	0,0648	−2,37	0,038	0,0043	−2,39	0,016	0,0021	−2,4	−10
− 5	−1,1	0,126	0,158	−1,14	0,101	0,1268	−1,15	0,075	0,0951	−1,17	0,05	0,0630	−1,18	0,025	0,0031	−1,2	− 5
± 0	0,11	0,184	0,230	0,087	0,147	0,1832	0,065	0,110	0,1374	0,043	0,073	0,0916	0,22	0,037	0,0046	0	± 0
5	1,3	0,262	0,320	1,30	0,210	0,2612	1,290	0,157	0,1959	1,260	0,105	0,130	1,23	0,05	0,065	1,2	5
10	2,6	0,380	0,45	2,58	0,304	0,368	2,53	0,228	0,276	2,5	0,152	0,184	2,44	0,076	0,092	2,4	10
15	3,9	0,525	0,64	3,80	0,420	0,512	3,75	0,315	0,384	3,68	0,210	0,250	3,62	0,105	0,128	3,56	15
20	5,2	0,72	0,87	5,10	0,57	0,700	5,06	0,430	0,525	4,97	0,290	0,350	4,9	0,144	0,175	4,8	20
25	6,5	0,97	1,2	6,46	0,77	0,952	6,35	0,580	0,714	6,23	0,390	0,476	6,12	0,194	0,238	6	25
30	8	1,30	1,6	7,8	1,04	1,27	7,67	0,78	0,95	7,5	0,520	0,636	7,36	0,26	0,318	7,2	30
35	9,4	1,74	2,1	9,1	1,39	1,68	8,9	1,05	1,26	8,7	0,69	0,844	8,5	0,35	0,422	8,3	35
40	10,9	2,24	2,76	10,6	1,80	2,21	10,3	1,35	1,659	10	0,90	0,106	9,8	0,45	0,553	9,5	40
45	12,5	2,95	3,6	12,1	2,36	2,88	11,8	1,77	2,160	11,4	1,18	1,44	11	0,59	0,72	10,7	45
50	14,2	3,8	4,6	13,9	3,04	3,70	13,4	2,28	2,775	13	1,52	1,85	12,5	0,76	0,92	12	50
55	16	4,9	5,9	15,4	3,9	4,72	14,8	2,94	3,54	14,2	1,96	2,36	13,6	0,98	1,18	13	55
60	18	6,2	7,5	17,3	4,9	5,96	16,6	3,70	4,48	16	2,50	2,98	15	1,24	1,49	14,3	60
65	20	7,82	9,4	19,4	6,25	7,50	18,4	4,7	5,62	17,7	3,6	3,75	16,4	1,56	1,87	15,5	65
70	23	9,8	11,7	21,5	7,8	9,36	20	5,9	7,02	19	3,12	4,68	17,8	1,96	2,34	16,6	70
75	25,4	12,2	14,4	24	9,75	11,56	22,3	7,25	8,67	21	4,9	5,78	19,3	2,44	2,89	17,8	75
80	28,5	15,2	17,7	26,7	12,2	14,2	24,2	9,1	10,65	22	6,1	7,1	21	3,04	3,55	19	80
85	32	18,5	21,65	29,4	14,8	17,32	27	11,1	12,99	25	7,4	8,66	22,3	3,7	4,33	20,2	85
90	36	22,7	26,3	33	18,2	21,04	30	13,6	15,78	27	9,1	10,5	24	4,5	5,53	21,4	90
95	40	27,3	31,7	36,6	21,8	25,36	33	16,4	19,0	29,6	11	12,6	26	5,4	6,34	22,6	95
100	45	33,4	38	41	26,5	30,4	36,6	20	22,8	32,4	13,4	15,2	28	6,7	7,8	23,8	100
110	47	„	„	43	„	„	39	„	„	34	„	„	31	„	„	26,2	110
120	50	„	„	46	„	„	41	„	„	37	„	„	33	„	„	28,5	120
130	53	„	„	48	„	„	44	„	„	40	„	„	35	„	„	31	130
140	55	„	„	50	„	„	46	„	„	42	„	„	38	„	„	33,3	140
150	58	„	„	53	„	„	49	„	„	45	„	„	40	„	„	35,7	150
160	60	„	„	56	„	„	51	„	„	47	„	„	43	„	„	38	160
170	63	„	„	58	„	„	54	„	„	49	„	„	45	„	„	40,5	170
180	66	„	„	61	„	„	56	„	„	52	„	„	47	„	„	42,8	180
190	68	„	„	63	„	„	59	„	„	54	„	„	50	„	„	45	190
200	70	„	„	66	„	„	61	„	„	57	„	„	52	„	„	47,6	200

Tabelle VI. [1]

Wärmedurchgangszahl „k“ für 1 qm, 1 Std., 1^0 C von gesättigtem Dampf, der eiserne Rohre umspült an die Luft, welche durch diese Rohre strömt (s. Fig. 15, Abschn. II).

Geschwindig-keit der Luft im Rohr v_l m/sec	Innerer Durchmesser der Rohre in mm							
	21,5	33,5	46	57,5	62,5	70	94,5	112
1	7,1	6,6	6,3	6,1	5,9	5,7	5,6	5,4
1,5	9,8	9,1	8,7	8,4	8,4	7,9	7,7	7,4
2	12,3	11,4	10,9	10,5	10,2	9,9	9,7	9,3
2,5	14,6	13,6	13	12,5	12,1	11,8	11,6	11,1
3	16,9	15,8	15	14,4	14	13,4	13,3	12,9
3,5	19,1	17,8	16,9	16,3	15,8	15,4	15,1	14,5
4	21,2	19,8	18,8	18,1	17,6	17,1	16,8	16,1
4,5	23,2	21,7	20,6	19,9	19,3	18,8	18,4	17,7
5	25,3	23,6	22,4	21,6	21	20,4	20,0	19,2
6	29,2	27,2	25,9	25	24,2	23,6	23,1	22,2
7	33	30,8	29,2	28,2	27,3	26,6	26,1	25,1
8	36,7	34,2	32,5	31,4	30,4	29,6	29	27,9
9	40,3	37,5	35,6	34,4	33,3	32,5	31,8	30,6
10	43,8	40,8	38,8	37,4	36,2	35,5	34,6	33,2
11	47,2	44	41,8	40,4	39,1	38,1	37,3	35,9
12	50,6	47,1	44,8	43,2	41	40,8	39,9	38,4
13	53,9	50,2	47,7	46	44,6	43,4	42,5	41
14	57,2	53,3	50,6	48,8	47,3	46,1	45,1	43,5
15	60,4	56,2	53,4	51,6	50,0	48,7	47,6	45,9
17	66,6	62	58,9	56,9	55,0	53,7	52,5	50,6
20	75,7	70,5	67	64,7	62,7	61,1	59,8	57,6
25	90,3	84,1	80	77,2	74,8	72,3	71,3	68,7
30	104,3	97,1	92,3	89,1	86,3	84	82,3	79,3

Hat die Luft nicht 0^0, sondern die mittlere Temperatur $\dfrac{t_h + t_a}{2} =$

$$10^0 \quad 20^0 \quad 30^0 \quad 40^0 \quad 50^0,$$

so sind die Zahlen der Tabelle zu multiplizieren mit:

$$0,97 \quad 0,95 \quad 0,92 \quad 0,9 \quad 0,88.$$

[1] Nach Hausbrand, Verdampfen und Kondensieren, VI. Aufl. (Verlag von Julius Springer, Berlin).

Tabelle VII.[1]

Wärmedurchgangszahl „k" von gesättigtem Dampf von $1 \div 5$ kg/qcm abs., welcher eiserne Röhren von 33 mm äußeren Durchmesser durchfließt an Luft, die senkrecht auf die Röhren trifft (s. Abschn. II, Fig. 15a und 15b).

Geschwindig-keit der Luft v_l m/sec	Anzahl der Rohrreihen			Geschwindig-keit der Luft v_l m/sec	Anzahl der Rohrreihen		
	2	3	4		2	3	4
0,5	12,2	13,0	14,0	7	57,7	61,8	66,3
1,0	18,3	19,6	21,0	8	62,5	67,0	71,8
1,5	23,3	24,9	26,7	9	67,0	71,8	76,9
2,0	27,6	29,6	31,7	10	71,3	76,4	81,9
2,5	31,5	33,7	36,1	11	75,4	80,8	86,6
3,0	35,0	37,5	40,2	12	79,4	85,0	91,1
3,5	38,4	41,1	44,2	13	83,2	89,1	95,5
4,0	41,5	44,5	47,7	14	87,0	93,2	99,8
4,5	44,5	47,7	51,1	15	90,6	97,1	104,0
5,0	47,4	50,8	54,4	17	97,5	104,5	111,9
6,0	52,7	56,5	60,5	20	107,4	115,1	123,3

Hat die Luft nicht 0°, sondern die mittlere Temperatur $\dfrac{t_h + t_a}{2} =$

$$10^{\circ} \quad 20^{\circ} \quad 30^{\circ} \quad 40^{\circ} \quad 50^{\circ}\, C,$$

so sind die Werte der Tabelle zu multiplizieren mit:

$$0,98 \quad 0,96 \quad 0,94 \quad 0,92 \quad 0,90.$$

[1] Nach den „Mitteilungen der Prüfungsanstalt für Heizung und Lüftung, Berlin-Charlottenburg, Heft III".

Tabelle VIII.[1]

Mittlere Temperatur δ_m zwischen heizendem Medium (Flüssigkeit, Dampf, Luft) und wärmeaufnehmendem Stoff (Flüssigkeit, Luft), wenn der größte Temperaturunterschied zu Anfang ihrer Berührung $= \delta_a$, und zu Ende derselben der kleinste Temperaturunterschied $= \delta_h$ ist.

$\dfrac{\delta_h}{\delta_a}$	δ_m für $\delta_a = 1$	$\dfrac{\delta_h}{\delta_a}$	δ_m für $\delta_a = 1$
0,0025	0,166	0,20	0,500
0,005	0,188	0,21	0,509
0,01	0,215	0,22	0,518
0,02	0,251	0,23	0,526
0,03	0,277	0,24	0,535
0,04	0,298	0,25	0,544
0,05	0,317	0,30	0,583
0,06	0,335	0,35	0,624
0,07	0,352	0,40	0,658
0,08	0,368	0,45	0,693
0,09	0,378	0,50	0,724
0,10	0,391	0,55	0,756
0,11	0,405	0,60	0,786
0,12	0,418	0,65	0,815
0,13	0,430	0,70	0,843
0,14	0,440	0,75	0,872
0,15	0,451	0,80	0,897
0,16	0,461	0,85	0,921
0,17	0,466	0,90	0,953
0,18	0,478	0,95	0,982
0,19	0,489	1,00	1,000

Die wirkliche Temperaturdifferenz erhält man durch Multiplikation der in der Tabelle angegebenen Zahlen für δ_m mit dem wirklichen Werte für δ_a.

---

[1] Nach Hausbrand, Verdampfen und Kondensieren, VI. Aufl. (Verlag von Julius Springer, Berlin).

Tabelle IX.

Verlustzahl „n“ [1]) für Heißlufttemperaturen von t_h^0 C und eine Wasserentziehung von $p_e\,^0/_0$.

1	2	3	4	5	6	7	8
$t_h = 400^0$	$t_h = 700^0$	$t_h = 400^0$	$t_h = 700^0$	$t_h = 200^0$	$t_h = 300^0$	$t_h = 200^0$	$t_h = 300^0$
$p_e = 70\,^0/_0$		$p_e = 50\,^0/_0$		$p_e = 70\,^0/_0$		$p_e = 50\,^0/_0$	
$n = 1{,}2$	$n = 1{,}35$	$n = 1{,}28$	$n = 1{,}48$	$n = 1{,}10$	$n = 1{,}15$	$n = 1{,}13$	$n = 1{,}2$

9	10	11	12	13	14	15	16
$t_h = 100^0$	$t_h = 200^0$	$t_h = 100^0$	$t_h = 200^0$	$t_h = 100^0$	$t_h = 200^0$	$t_h = 100^0$	$t_h = 200^0$
$p_e = 30\,^0/_0$		$p_e = 20\,^0/_0$		$p_e = 10\,^0/_0$		$p_e = 5\,^0/_0$	
$n = 1{,}11$	$n = 1{,}22$	$n = 1{,}17$	$n = 1{,}35$	$n = 1{,}3$	$n = 1{,}6$	$n = 1{,}4$	$n = 1{,}8$

[1]) Näherungswerte für gut ausgeführte Trockner.

Literaturverzeichnis.

1. W. Schüle, Technische Thermodynamik (Julius Springer, Berlin).

2. Rietschels Leitfaden für Lüftungs- und Heizungsanlagen (Julius Springer, Berlin).

3. Prof. Hoffmann, Die Getreidespeicher (Parey, Berlin).

4. Karl Reyscher, Die Lehre vom Trocknen (Julius Springer, Berlin).

5. E. Hausbrand, Das Trocknen mit Luft und Dampf (Julius Springer, Berlin).

6. E. Hausbrand, Verdampfen und Kondensieren (Julius Springer, Berlin).

7. Otto Marr, Das Trocknen und die Trockner (Oldenbourg, München).

8. E. Parow, Kartoffeltrocknung (Parey, Berlin).

9. Heft 265 der Deutschen Landwirtschaftsgesellschaft Berlin (Parey, Berlin).

10. A. Dosch, Brennstoffe, Feuerungen und Dampfkessel (Dr. Max Jänecke, Hannover).

11. A. Gramberg, Technische Messungen (Julius Springer, Berlin).

12. Regeln und Leistungsversuche an Ventilatoren und Kompressoren, aufgestellt vom Verein deutscher Ingenieure 1912.

13. A. von Ihering, Die Gebläse (Julius Springer, Berlin).

14. Jelineks Psychrometer-Tafel (Engelmann, Leipzig).

Berichtigung:

Seite 8, letzte Formel   muß es heißen: γ_s statt γ.

„ 13, (Gl. 7a)   „   „   „ γ_f' „ γ_f.

„ 27, Zeile 17 von unten   „   „   „   unterschreitet statt unterscheidet.

„ 56, (Gl. 44)   „   „   „ p_e stat p.

Druck von Oscar Brandstetter in Leipzig.

Das Trocknen mit Luft und Dampf. Erklärungen, Formeln und Tabellen für den praktischen Gebrauch. Von Baurat **E. Hausbrand.** Fünfte, vermehrte Auflage. Mit Textfiguren und 4 lithographierten Tafeln.

In Vorbereitung.

Die Lehre vom Trocknen in graphischer Darstellung. Von Ingenieur **Karl Reyscher.** Mit 33 Textfiguren. Preis M. 2,80

Verdampfen, Kondensieren und Kühlen. Erklärungen, Formeln und Tabellen für den praktischen Gebrauch. Von Baurat **E. Hausbrand.** Sechste, vermehrte Auflage. Mit 59 Figuren im Text und 113 Tabellen.

Gebunden Preis M. 16,—

Hilfsbuch für den Apparatebau. Von Baurat **E. Hausbrand.** Dritte, stark vermehrte Auflage. Mit 56 Tabellen und 161 Textfiguren.

Gebunden Preis M. 10,—

Leitfaden zum Berechnen und Entwerfen von Lüftungs- und Heizungs-Anlagen. Ein Hand- und Lehrbuch für Ingenieure und Architekten von Dr.-Ing. **H. Rietschel,** Geheimer Regierungsrat und Professor, unter Mitwirkung von Dr. techn. **K. Brabbée,** Professor an der Technischen Hochschule zu Berlin. Fünfte, neubearbeitete Auflage. Zwei Teile. Erster Teil: Mit 84 Textabbildungen. Zweiter Teil: Mit 31 Tabellen, 33 Tafeln und 4 Hilfsblättern. In zwei Bänden gebunden M. 28,—

Die Gebläse. Bau und Berechnung der Maschinen zur Bewegung, Verdichtung und Verdünnung der Luft. Von **Albrecht von Ihering,** Geh. Regierungsrat, Mitglied des Patentamtes, Dozent an der Universität zu Berlin, Dritte, umgearbeitete und vermehrte Auflage. Mit 643 Textfiguren und 8 Tafeln.

Gebunden Preis M. 20,—

Kompressoren-Anlagen, insbesondere in Grubenbetrieben. Von Dipl.-Ing. **Karl Teiwes.** Mit 129 Textfiguren. Gebunden Preis M. 7,—

Theorie und Konstruktion der Kolben- und Turbo-Kompressoren. Von Dipl.-Ing. **P. Ostertag,** Professor am kantonalen Technikum in Winterthur. Zweite, verbesserte Auflage. Mit 300 Textfiguren.

Gebunden Preis M. 26,—

Hierzu Teuerungszuschläge